GALERIE INDUSTRIELLE.

Paris

Alexis Eymery, Rue Mazarine, N° 30.

V

39752

FRONTISPICE

L'Industrie, et le Commerce indiquent aux hommes les moyens d'être heureux.

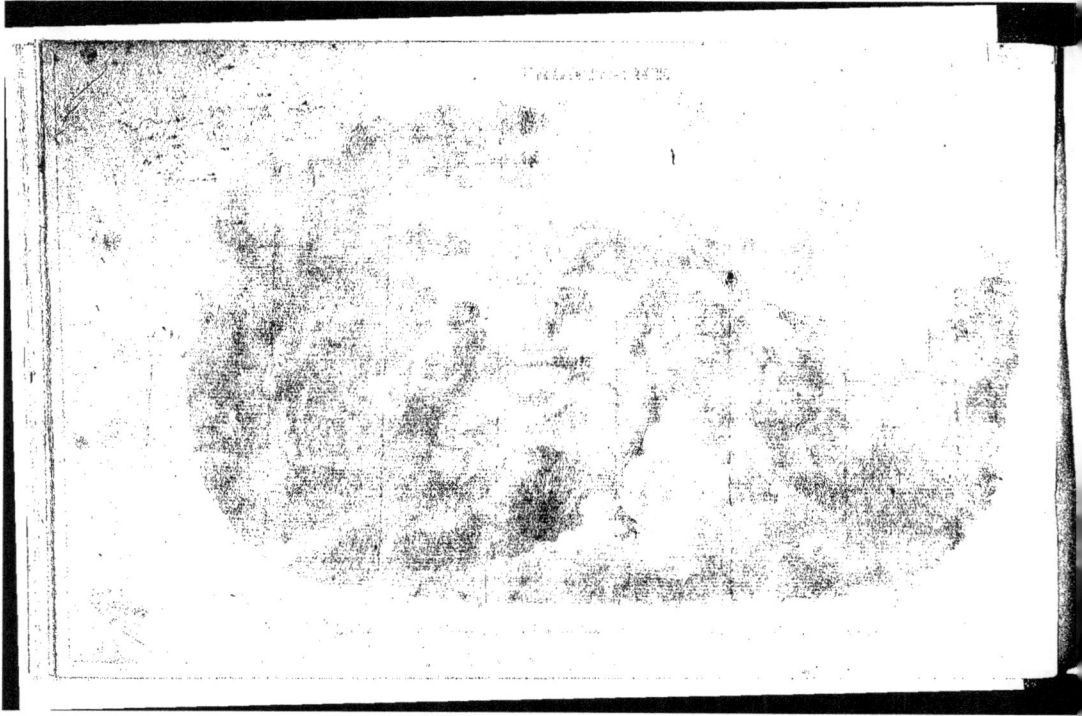

GALERIE INDUSTRIELLE

avec 150 Tableaux d'Arts et Métiers.

L'enfance studieuse ne connaît pas le prix du tems.

Paris

Chez Alexis Eymery, Rue Mazarine, N.° 30.

1822

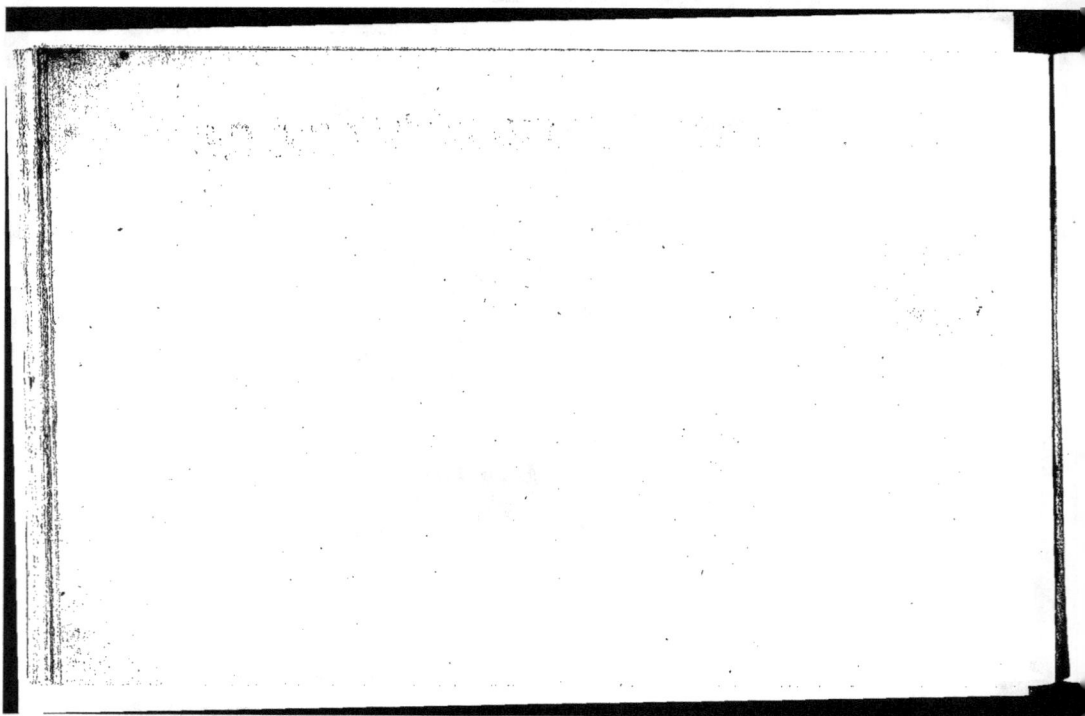

GALERIE INDUSTRIELLE,

OU

APPLICATION DES PRODUITS DE LA NATURE

AUX ARTS ET MÉTIERS;

LEUR ORIGINE, LEURS PROGRÈS ET LEUR PERFECTIONNEMENT,

REPRÉSENTÉS DANS UNE SUITE DE CENT CINQUANTE TABLEAUX, DESSINÉS ET GRAVÉS AVEC GOUT PAR D'HABILES ARTISTES, AVEC UN TEXTE EXPLICATIF;

A L'USAGE DE L'ENFANCE ET DE LA JEUNESSE,

PAR Mme. H******, AUTEUR DE LA GÉOGRAPHIE VIVANTE, ETC.

PARIS,

A LA LIBRAIRIE D'EDUCATION D'ALEXIS EYMERY, RUE MAZARINE, N°. 5o.

1822.

IMPRIMERIE DE Et. IMBERT,
RUE DE LA VIEILLE-MONNAIE, N°. 12.

INTRODUCTION.

M. d'Albon, riche fabricant, avait un fils unique qui dirigeait, avec lui, sa manufacture; la mort le lui ayant enlevé tout à coup, il n'écouta que son désespoir, et, renonçant aux affaires, il se retira dans un domaine qu'il possédait aux environs de Rouen. Actif, humain, généreux, il ne put rester long-temps dans l'oisiveté; bientôt il se reprocha d'avoir abandonné une carrière où il se rendait utile à ses concitoyens, en faisant vivre un grand nombre d'ouvriers; et il résolut d'employer une partie de sa fortune à encourager l'agriculture et les arts mécaniques. Souvent il allait, dans les villes des environs, visiter les ateliers, les usines et les manufactures de toute espèce, afin d'aider de ses conseils et de sa bourse, les artisans et les négocians qu'il jugeait capables, par leur intelligence, d'accroître les progrès de l'industrie. Plusieurs inventions nouvelles furent le fruit des idées qu'il leur suggéra et des secours qu'il leur fournit.

M. d'Albon, atteint d'un violent accès de goutte, se vit confiné chez lui pendant plusieurs mois; il employa ce temps de réclusion à lire des ouvrages qui traitaient des matières auxquelles il trouvait tant de charmes. Habitué à employer avec fruit tous ses instans, il conçut le projet de composer, sur les arts et métiers, un Essai qu'il voulait faire servir à l'instruction d'Antoine et de Gustave, ses neveux, restés orphelins, et devenus, depuis leur malheur, ses enfans adoptifs.

Antoine était dans sa douzième année, et Gustave allait atteindre sa dixième. M. d'Albon les avait placés dans une des meilleures pensions de Paris; ils étudiaient tous deux avec une ardeur extrême. Pour les récompenser de leur zèle et de leur application, il les envoya chercher à l'époque des vacances, pour qu'ils les passassent auprès de lui.

M. d'Albon, désirant toutefois qu'ils ne perdissent pas leur temps à des amusemens frivoles, distribua d'avance l'emploi de leurs journées. Il destina plusieurs matinées par semaine à les conduire chez ses fermiers, afin qu'ils prissent quelque idée de l'économie rurale et domestique. Il n'oublia point d'assigner des jours où il les mènerait dans les établissemens qu'il protégeait. Enfin il leur ménagea, comme récréation, la lecture du petit ouvrage qu'il avait écrit pour eux, et divisé en XXVIII *Soirées*. Chaque Soirée était destinée à leur rappeler ce qu'ils avaient vu le matin.

Prévoyant néanmoins qu'un sujet, sérieux de sa nature, avait besoin d'être approprié à leur âge, il s'était efforcé d'en supprimer les détails qui auraient pu leur paraître fatigans : persuadé que ce qui plaît aux yeux excite toujours la curiosité, il disposa et exécuta lui-même des dessins qu'il crut propres à attirer le plus leur attention sur les objets qu'il désirait leur faire connaître.

M. d'Albon n'avait point la prétention de passer pour savant ni pour écrivain. Il n'entreprit pas de tracer un plan régulier; il sentit d'ailleurs que le meilleur moyen d'attacher ses neveux à l'étude, était de la rendre amusante. Nous avons conçu l'espoir que son essai, intitulé : *Galerie industrielle*, pourrait éveiller l'émulation de la jeunesse studieuse, et nous le lui offrons tel que M. d'Albon nous l'a donné.

GALERIE INDUSTRIELLE.

PREMIÈRE SOIRÉE.

La nature contient des trésors inépuisables, mais, pour se les approprier, il a fallu que l'homme la secondât par son industrie et par son travail.

L'industrie est née de nos besoins, mais elle ne pouvait fleurir que par la réunion des hommes en société ; chacun y ayant apporté ses lumières, elles formèrent un foyer qui s'agrandit chaque jour. Les enfans reçoivent de leurs pères les connaissances que ceux-ci ont eux-mêmes reçues de leurs aïeux ; ces connaissances fortifiées par des idées, par des observations, des découvertes, et des combinaisons nouvelles, passent de siècle en siècle chez les peuples civilisés. L'expérience accroît continuellement ces connaissances, et les inventions utiles sont ainsi arrivées à un très-haut degré de perfection.

Je me propose, mes enfans, de vous mettre à même de juger de la marche de l'esprit humain, en retraçant à vos yeux les commencemens et les progrès des *arts mécaniques*, dont nous tenons les choses les plus nécessaires aux besoins de la vie : je commencerai par vous décrire ceux qui nous fournissent nos alimens, notre vêtement et notre habitation ; je vous parlerai aussi de quelques arts qui nous procurent des objets d'agrément et de luxe.

Il n'est pas d'étude plus intéressante, mes enfans, que celle de l'histoire des arts mécaniques ; elle se lie en quelque sorte à l'histoire naturelle, en nous faisant connaître les conquêtes de l'industrie sur les productions de la nature ; les arts et les métiers sont en outre la base du commerce et de la prospérité des peuples : aussi à toutes les époques, les gouvernemens sages cherchèrent à accélérer leur essor par la protection qu'ils leur accordèrent.

1.

Des Végétaux et des Animaux qui servent à la Nourriture de l'Homme , et des Arts qui concourent à transformer les Productions naturelles en Alimens.

Le premier et le plus impérieux de nos besoins , mes enfans , est celui de pourvoir à notre subsistance ; il est commun à tous les hommes , comme à tous les animaux ; il est excité en nous par une impulsion intime et secrète qui nous sollicite , qui nous presse invinciblement de prendre des alimens ; cette impulsion , nous l'éprouvons avant de nous connaître , avant même que nos yeux s'ouvrent à la lumière ; tandis que les autres besoins de la vie , ne sont en quelque sorte que des habitudes que contracte l'homme vivant en société.

L'Être Suprême, en assujettissant à la *faim* toutes les créatures dont il a peuplé le monde , a répandu en abondance sur la surface de la terre des productions de tout genre , et , par une suite de sa bonté et de son admirable prévoyance , les diverses classes d'animaux qui partagent avec nous ce domaine de la nature , ont reçu des organes appropriés à leur espèce et aux lieux qu'ils habitent , et par le moyen desquels ils vivent d'alimens différens ; les uns paissent l'herbe , d'autres se nourrissent de grains et de semences. Il en est d'autres qui sont carnassiers ou qui mangent des insectes ; il en est auxquels il faut une nourriture délicate , et d'autres , plus gloutons , qui avalent indifféremment ce qui s'offre à leur vue. Si tous les animaux se portaient vers la même sorte de nourriture , il ne s'en trouverait pas assez pour leur subsistance , au lieu qu'ils en ont tous suffisamment et souvent au-delà du nécessaire. Cette diversité d'appétits dans les animaux provient de la disposition de leur estomac qui les oblige à se borner à certains alimens ; mais l'homme , par son organisation , possède la faculté de digérer tout ce qui est bon et nourrissant ; la terre, l'air et l'eau, lui présentent une immense quantité d'alimens qui lui sont propres , qui se renouvellent continuellement et qu'il a su varier encore à l'infini par la manière de les apprêter.

Les premiers hommes tirèrent d'abord leur subsistance des arbres et des plantes qui croissaient naturellement. La chasse et la pêche fournissaient aussi à leur nourriture. Habiles à profiter des avantages que leurs facultés intellectuelles leur donnent sur les autres créatures vivantes, ils parvinrent à dompter et et à réduire sous leur obéissance

ARTS
relatifs à la
NOURRITURE.

N° 1. La Boucherie.

N° 2. Charcutier.

N° 3. La Laitière.

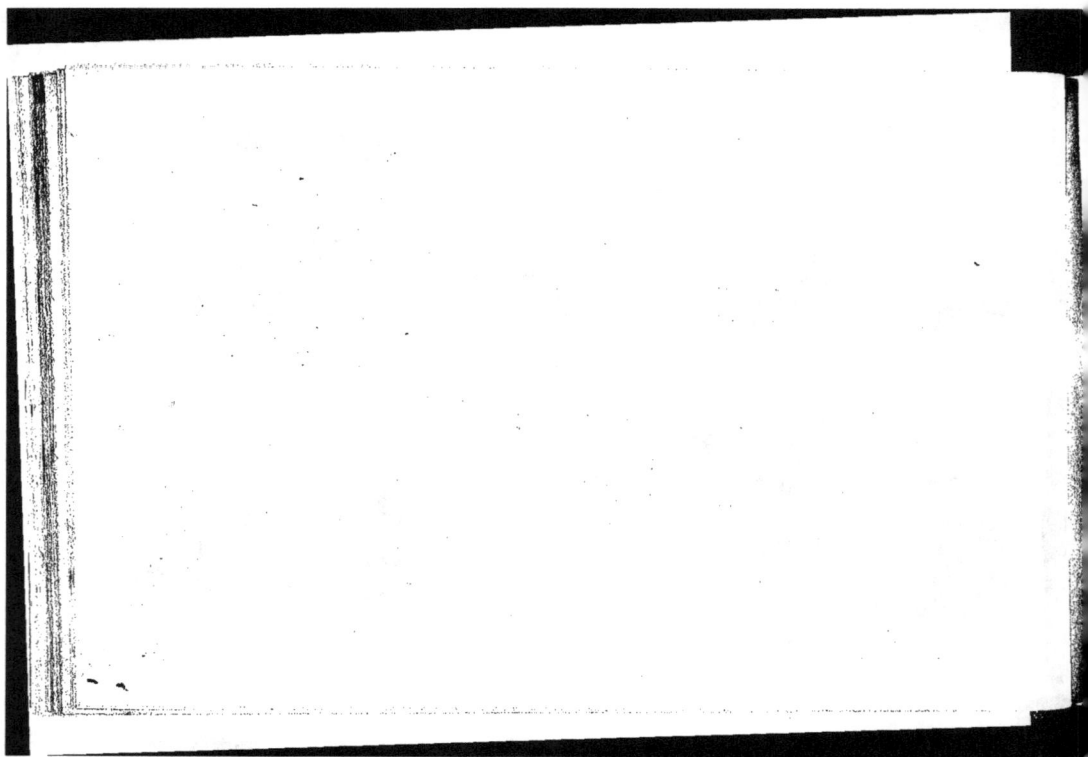

diverses espèces d'animaux dont la chair flattait leur goût. Voulant alors en multiplier le nombre et en perfectionner la race, ils s'adonnèrent aux soins qu'exigeait leur éducation. Les premiers peuples dont parle l'histoire étaient *pasteurs*, ils ne vivaient que du lait et de la chair de leurs troupeaux, et leur seule occupation était de les mener paître. Ce temps *pastoral* est appelé *l'âge d'or*. Aux peuples pasteurs, succédèrent les peuples agriculteurs : les patriarches ou chefs de famille, révérés par la simplicité de leurs mœurs, par la bonté de leur âme, et par leurs vertus hospitalières, se livraient presque exclusivement à la culture de la terre.

L'*agriculture* devint le premier objet de législation de tout état policé. Honorée dans les beaux jours de la Grèce et de Rome, elle charmait les loisirs des grands hommes de l'antiquité. Chacun, à cette époque, faisait valoir son héritage, et en tirait sa subsistance. Les Romains, vainqueurs des nations, virent les plus illustres d'entre eux quitter la charrue pour se mettre à la tête des armées ; mais sitôt qu'ils avaient triomphé des ennemis de l'état, leurs bras victorieux déposaient le glaive pour ressaisir les instrumens du labourage. Lorsque l'esprit de conquête eut agrandi les sociétés, et enfanté le luxe et le commerce, les métaux devinrent les signes de la richesse, et les travaux de la campagne furent abandonnés à des hommes qui en faisaient spécialement leur occupation. Néanmoins, chez tous les peuples, les lois accordèrent des prérogatives à tous ceux qui se livrèrent à l'agriculture ; ces lois étaient étendues jusqu'aux animaux destinés à ces travaux : les Athéniens défendirent de tuer le bœuf qui sert à la charrue ; il n'était pas même permis de l'immoler en sacrifice.

L'*agriculture*, le plus ancien et le plus essentiel de tous les arts, est la source de la main-d'œuvre ; elle fonde la richesse des états, et peut être considérée comme le lien qui unit entre elles les nations policées.

Cet art paraît avoir été peu étendu dans les commencemens, parce que les outils dont on se servait dans les premiers siècles n'étaient point aussi commodes que ceux qu'on emploie aujourd'hui ; mais la nécessité rend industrieux, et peu à peu on inventa des instrumens propres à mieux défricher et labourer la terre : chaque pays, chaque climat, possède maintenant ses outils aratoires particuliers, suivant que paraît l'exiger la nature du sol.

1 *

En France, on a cherché depuis peu à diminuer la fatigue du laboureur, en construisant une machine avec laquelle on sème et l'on couvre la semence tout à la fois.

En perfectionnant l'*agriculture*, l'homme a non-seulement accru la fécondité de la terre, mais il s'est assuré une sorte d'empire sur la nature, et un pouvoir presque créateur sur les plantes, dont il peut , avec le temps, modifier et perfectionner les espèces.

L'*agriculture* a donné naissance à divers arts et métiers : c'est un arbre d'où ressortent une infinité de branches. Je vous en ferai connaître successivement quelques-unes, mais j'emploierai d'abord cette soirée à vous parler de l'*art du laboureur*, et de celui du *jardinier*. Ces deux arts exigent, l'un et l'autre, des connaissances particulières.

Les travaux du *jardinier* consistent, sous le rapport de nos alimens, dans la culture des légumes et des fruits. Les légumes, nourriture la plus ordinaire des habitans de la campagne, fournissent aux habitans des villes des mets sains, savoureux et variés ; les fruits ont le mérite de réunir tout ce que la nature, secondée par des moyens ingénieux, peut offrir de plus agréable au goût, à la vue et à l'odorat : ils font les délices et l'ornement des tables où l'on veut faire régner la bonne chère, l'abondance et le luxe.

L'*art du laboureur* a principalement pour objet la culture des grains : ces importans travaux sont généralement dirigés en France par des *fermiers*, chargés de faire valoir les terres dont un autre est propriétaire, et qui, à ce titre, en recueille les produits à des conditions fixes.

Les grains, et surtout le *blé*, sont une de nos plus précieuses ressources ; ils nous fournissent le *pain*, aliment dont nous ne pouvons nous passer. La culture du blé et son emploi donnent lieu à des travaux immenses. J'en ferai, mes enfans, le sujet d'un autre entretien.

L'*agriculture* tire toute sa force des animaux : sans leur secours un homme vigoureux pourrait à peine obtenir du sol de quoi suffire à sa subsistance , et il lui serait impossible de subvenir par son travail aux besoins de ses semblables.

Le moyen d'obtenir d'abondantes récoltes est de multiplier les bestiaux ; ils fertilisent la terre ; l'engrais qu'ils lui fournissent , la met en état de produire un excédant plus considérable que ce qu'ils consomment pour leur nourriture.

Les bœufs , les vaches et les moutons sont les animaux les plus nécessaires au fermier.

Dans la plupart des contrées de la France , les bœufs servent au labourage. Pour les accoutumer au joug , il faut les dompter : cette fonction est celle du *bouvier* ; il est en outre chargé de pourvoir à leur nourriture , et de les panser ; il a soin aussi des vaches et des jeunes veaux.

Le bœuf ne peut commencer à servir qu'à trois ans ; passé dix il n'est plus propre qu'à être engraissé pour la *boucherie*. Ce ne sont point ordinairement ceux qui les emploient au labour qui les engraissent. Ils les vendent à des propriétaires qui possèdent des pâturages pour cet *engrais*.

L'engrais des bœufs consiste principalement à les rendre exempts de travail ; à leur procurer une nourriture succulente , et à les garantir de la trop grande chaleur ou du froid , suivant la saison où l'on entreprend l'engrais.

Trois mois en été , et quatre en hiver , est le temps nécessaire pour amener le bœuf au point où il doit être pour la *boucherie*. La chair du bœuf est un très-bon aliment , surtout pour ceux qui travaillent beaucoup, parce que la substance qu'on en tire est très-propre à réparer ce qu'on perd par un violent exercice ; presque toutes les parties du corps de cet animal s'apprêtent de différentes manières pour la table. On mange le bœuf bouilli , rôti , en ragoût et fumé : l'usage le plus commun de sa chair est d'en tirer, par le moyen de la décoction, le suc qu'on appelle *bouillon*, et qui sert à l'homme comme aliment ordinaire et comme remède. La dépouille du bœuf est d'une grande utilité dans les arts mécaniques.

La chair de la *vache* est dure et sèche, il n'y a guère que les personnes peu aisées qui en mangent ; d'ailleurs on prolonge le plus long-temps possible , l'existence de cet animal , précieux par le lait qu'il fournit abondamment. Le veau qui, vous le savez sans doute , mes enfans , est le petit de la vache, procure une nourriture aussi salubre que délicate.

Les *moutons*, source de richesses de plusieurs genres pour le laboureur, sont confiés à la garde du *berger*. Il est chargé de les tondre, de les soigner dans leurs maladies, et de les mener paître. Pendant le cours de la belle saison il les fait *parquer*, pratique qui consiste à entourer de claies un espace de terres labourables, proportionné au nombre des troupeaux. On y renferme les moutons depuis le coucher du soleil jusqu'à son lever, en ayant le soin de changer le parc de place une fois pendant la nuit; les moutons ainsi réunis engraissent la terre par leurs excrémens. On a reconnu que cette méthode de faire parquer les moutons influe avantageusement sur la beauté de leur toison, trésor inappréciable pour l'homme.

Le *mouton* offre à la plupart des peuples de l'Europe un des alimens les plus salutaires et les plus succulens, sa chair convient à tous les estomacs; elle est propre à tous les âges, soit dans l'état de maladie, soit dans l'état de santé.

Parmi le bétail qu'on élève dans les fermes, il ne faut pas oublier le *cochon* ou *porc;* il est inutile à la vérité pendant sa vie, mais il coûte peu à nourrir, et présente de grandes ressources après sa mort, surtout aux habitans de la campagne; la chair, le lard, le sang, les viscères et la langue de cet animal fournissent des mets différens.

La *volaille* est d'un produit considérable pour le fermier, parce qu'il s'en fait une immense consommation dans les villes; on comprend sous le nom de *volaille* les diverses classes d'oiseaux domestiques qu'on élève dans la basse-cour, tels que poulets, dindons, canards, oies et pigeons.

L'éducation de ces animaux est du ressort de la *fermière*.

Les *poules*, par leur admirable fécondité, doivent être placées au nombre des animaux domestiques les plus nécessaires; chaque jour elles payent un riche tribut à ceux qui en prennent soin; les œufs qu'elles pondent servent non-seulement à multiplier prodigieusement leur espèce, mais ils sont encore une nourriture agréable, saine, et propre à satisfaire le goût simple du pauvre et le goût plus raffiné du riche, qui en fait préparer des mets fort délicats.

Une des importantes fonctions de la fermière est de faire traire les vaches et de préparer le *beurre* et le *fromage;* ces travaux ayant donné lieu à l'état de *laitière*, je me réserve de placer ailleurs sous vos yeux quelques légers détails sur ce genre d'industrie.

D'après le faible aperçu que je viens de vous présenter sur l'*agriculture*, vous pouvez juger déjà en grande partie de ses heureux effets; mais cet art est tellement étendu, que ce n'est qu'avec le temps et l'expérience que nous donnent nos besoins, qu'on peut en apprécier les nombreux avantages. A le considérer uniquement sous le rapport du soin de notre existence, le premier des instincts de l'homme, vous voyez que de ressources il nous offre, en servant à la reproduction des fruits de la terre et à la multiplication des différentes races d'animaux; ces résultats inappréciables l'ont fait surnommer l'*art nourricier du genre humain*. Toutefois, mes enfans, il est deux autres arts qui contribuent aussi à nous fournir des substances alimentaires; l'*art de la chasse* et celui de la *pêche*. Le premier nous fournit le *gibier* et l'autre le *poisson*.

La chasse et la pêche sont au nombre des premiers moyens que la nature a enseignés aux hommes, pour subvenir à leur subsistance. Beaucoup de peuples non civilisés, et par conséquent étrangers à toutes les recherches de nos arts, ne vivent encore que de leur adresse à poursuivre et à saisir, par différens moyens, des animaux sauvages dont la chair convient à leur goût. Ils ne sont pas moins habiles à chercher au sein de l'onde une autre sorte de nourriture.

Chez toutes les nations de l'univers, ces deux branches d'industrie fournissent à une immense consommation, tant en ce qu'elles procurent une grande abondance de vivres, que parce que la dépouille de divers genres d'animaux, soit terrestres soit aquatiques, offrent des matières très-utiles à divers usages de la vie, et qui sont propres à être mises en œuvre par le secours des arts mécaniques.

L'art de la *chasse*, qui remonte à la plus haute antiquité, paraît devoir son origine, non-seulement à la nécessité qu'éprouvait l'homme de pourvoir à sa nourriture, mais encore à la nécessité non moins urgente de se garantir des bêtes féroces. Quel que soit le motif qui l'ait dirigé dans son entreprise, il est certain que, d'abord, il imagina des piéges de toute espèce, au moyen desquels il parvint à faire tomber en sa puissance les animaux plus forts ou plus agiles que lui; pour mieux les surprendre, il étudia leur manière de vivre, leurs allures, et il varia ses embûches, selon la diversité de leurs instincts; ensuite, il s'arma du dard pour percer de près les uns, il aiguisa la flèche pour atteindre de loin les autres. Il accoutuma le chien à le seconder, il dressa le cheval et courut à la poursuite de sa proie ; enfin, lorsqu'on eut fait la découverte de la poudre à tirer, on inventa les armes à feu, dont l'action, aussi prompte que la foudre, frappe d'un coup mortel et inévitable l'animal qui, planant dans les airs, ou placé sur la terre à une grande distance de son ennemi, ne peut être averti du danger qui le menace.

L'*art de la chasse* peut se diviser, relativement aux animaux qu'on y emploie, en *vénerie* et en *fauconnerie*.

La *vénerie* est la chasse que l'on fait avec les chiens et avec les chevaux, soit aux animaux carnassiers, tels que les loups, renards, tigres, etc., soit aux bêtes fauves, comme le cerf, le daim, le chevreuil, soit enfin au *menu gibier*, comme lièvres, lapins, perdrix, bécasses, etc.

La *fauconnerie* est la chasse des rois et des princes. Elle est usitée plutôt par magnificence que par utilité, surtout depuis que l'invention du fusil a rendu si faciles les moyens de *giboyer*. L'art de la fauconnerie, qui tire son nom du *faucon*, consiste principalement à dresser et à gouverner les oiseaux de proie destinés à cette chasse. Il est aussi une manière de s'emparer, sans armes, des petits oiseaux ; cette chasse se fait avec des *filets*, des *appeaux*, des *gluaux*, et des *trébuchets*.

L'exercice de la chasse est un plaisir très-vif pour un grand nombre de personnes, principalement pour celles qui vivent habituellement à la campagne ; la pêche est aussi pour beaucoup d'entre elles un objet d'amusement.

La *pêche* se fait dans la mer, dans les fleuves, les rivières, les étangs, ainsi que dans tout autre amas d'eau.

L'art de prendre le poisson a donné naissance au métier de *pêcheur* ; parmi ceux qui exercent cette profession, les uns, habitant sur le bord des fleuves et des rivières, s'attachent à la pêche des *poissons d'eau douce*, les autres, ayant leur demeure sur le bord de la mer, se livrent à la pêche des *poissons de mer*.

On pêche les poissons à la *ligne*, aux *filets*, en bateau, ou à pied. Les coquillages se pêchent à la main, au *râteau*, à la *drague*, au *filet*, et en plongeant.

Les pêcheurs ont plusieurs sortes de filets qu'ils font eux-mêmes, tels que les *seines*, les *tramails*, les *nasses*, les *éperviers*, etc. Ils emploient ces diverses sortes de filets, suivant les différentes espèces de poissons qu'ils veulent

Jardinage
Education des animaux
Chasse & Pêche.

N.º 1. Le Jardinier.

N.º 2. La Ferme.

N.º 3. Le Parc aux Moutons.

N.º 4. La Chasse.

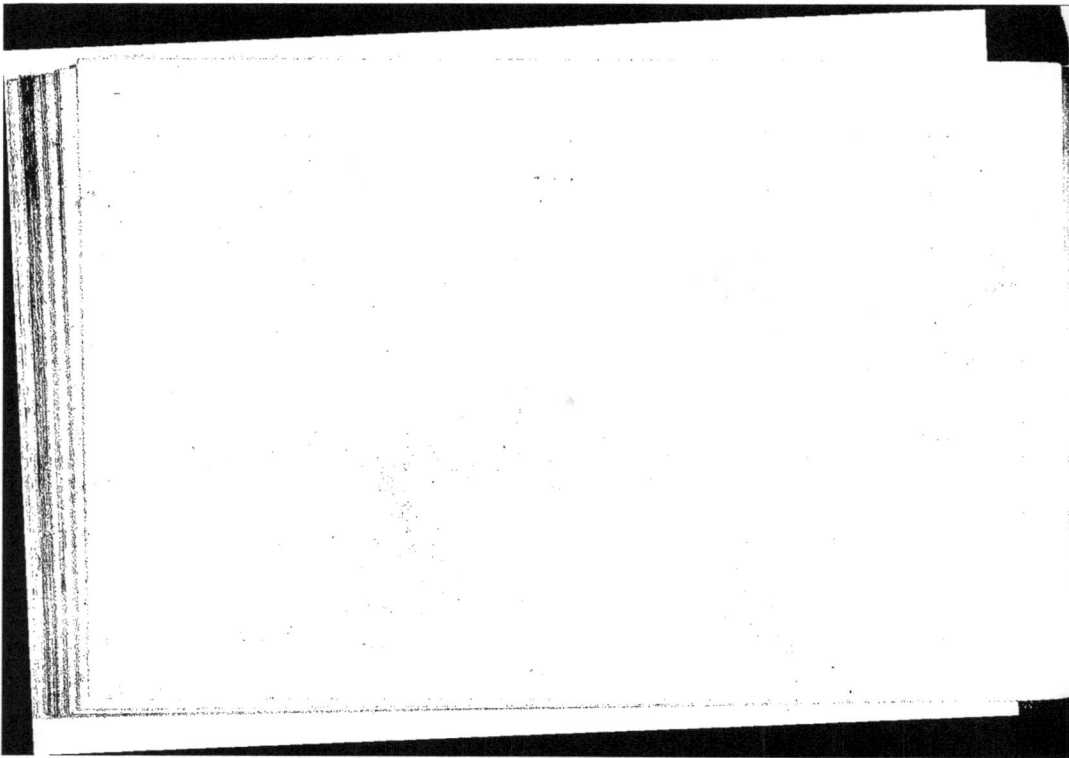

prendre , ou suivant la nature du terrain où ils pêchent ; et ils ont recours à diverses sortes d'appâts pour amorcer le poisson.

Les poissons, tant de mer que d'eau douce , offrent une grande variété d'alimens : ils ont chacun une chair et une saveur particulière à l'espèce ; les poissons de mer sont les meilleurs de tous , parce que la salure de l'élément où ils vivent en corrige l'humidité : parmi ces derniers , ceux qui habitent les sables et les rochers sont les plus sains ; on place au second rang , ceux qui séjournent au fond de la mer, et au dernier , ceux qui vivent sur ses bords, parce que l'eau où ils sont est moins pure.

La pêche des poissons de mer est une des branches de commerce les plus importantes , entre autres, la pêche de la baleine , celle de la morue et celle du hareng , qui, particulièrement, vous offrira des détails intéressans , lorsque je vous parlerai de leur salaison.

Les denrées nécessaires aux besoins de la vie , offrant un débit assuré , un grand nombre de personnes en font le commerce ; on les distingue généralement sous le nom de *marchands* , nom commun à ceux qui se livrent à un négoce ou à un trafic quelconque.

Pour faciliter la circulation de ces denrées , on a établi, dans toutes les villes de la France et dans les bourgs , des marchés où elles sont exposées en vente, souvent même trafiquées plusieurs fois avant d'arriver jusqu'au consommateur.

La *viande de boucherie*, qui est la chair du bœuf, celle du veau et celle du mouton , étant l'objet d'une immense consommation, il est des villes où l'on a établi aussi des marchés publics pour la vente de ces animaux , et cette sorte de denrée a donné lieu aux fonctions de *boucher* ; ces fonctions consistent dans l'achat des bestiaux , ainsi qu'à préparer, couper et débiter la *viande* , qui se vend au poids , et , dans certains lieux , à la main.

La création des *bouchers* remonte à une époque très-reculée ; à Rome , ils étaient constitués en corps ou colléges; ceux qui en faisaient partie étaient soumis à des lois fondées sur l'intérêt public , il en est à peu près de même actuellement en France et dans les autres états européens.

Nos *bouchers* avaient anciennement le droit de faire le commerce de la chair de *porc* , maintenant il appartient au *charcutier*.

2

Les *charcutiers*, comme leur nom l'indique, vendent de la chair cuite ; seuls, ils ont la permission d'apprêter celle de pourceau, et d'en débiter, soit crue, soit cuite, soit préparée en *cervelas*, *saucisses*, ou autrement ; ils apprêtent aussi les *langues fourrées*, tant celles de porc, que celles de bœuf, de veau et de mouton.

Après vous avoir donné, mes enfans, quelques notions générales sur les substances premières dont se compose notre nourriture, je ne puis passer sous silence *l'art de la cuisine :* mais pour remplir la promesse que je vous ai faite précédemment, je vais d'abord vous apprendre en quoi consistent les travaux de la *laitière*, qui, par son art, sait varier les ressources que le lait nous offre naturellement.

La *laitière* exerce son industrie dans les environs des villes et même dans leur enceinte : quand elle veut en obtenir un véritable avantage, elle élève avec soin l'animal précieux qui nous fournit le lait ; elle recueille cette liqueur, et, non-seulement elle en fait en cet état l'objet d'un trafic, mais elle en prépare le beurre et le fromage.

Le *lait* est presque l'unique aliment des enfans ; il est en général fort salutaire pour les hommes de tout âge, et beaucoup de peuples nomades en font leur principale nourriture. Son emploi est en outre très-essentiel pour la cuisine raffinée.

Le *beurre* est, dans beaucoup de nos provinces, l'assaisonnement de la plupart des mets ; le *fromage*, base du frugal repas des habitans de la campagne, parait aussi sur la table des riches, comme sur celle des pauvres ; il est l'objet d'un commerce immense dans plusieurs contrées de l'Europe, où il s'en fait une grande consommation.

L'art de la laitière est aussi simple que les instrumens qu'elle y emploie, il exige seulement beaucoup de propreté. Cependant, toute facile que soit en effet la manière de faire le beurre, il parait que les anciens l'ont ignorée long-temps : voici comme on y procède parmi nous.

La *laitière*, après avoir trait le lait en comprimant le pis de la vache entre ses doigts, le reçoit dans un seau, qui doit être très-propre, et le porte à la *laiterie*, dans de grandes jattes ou terrines de grès. Quand il est refroidi et reposé, la crême surnage, alors la laitière l'enlève successivement avec une large coquille, et la met dans un pot jusqu'à ce qu'elle en ait réuni une quantité suffisante pour être employée. Lorsqu'on veut faire le *beurre*, on verse la crème dans une *baratte*, vaisseau de bois fait de douves ; on l'y bat avec un instrument appelé *batte à beurre*. La crème s'épaissit, et, en se séparant des parties séreuses qu'elle contenait, elle se transforme en *beurre*. La *laitière* le retire de la baratte, le lave dans une terrine d'eau, et le façonne en *mottes* ou en *pains*.

Les crèmes fouettées, et les fromages à la crème si délicats qu'on sert sur les meilleures tables, sont aussi les produits de l'industrie de la laitière.

Il y a un grand nombre de sortes de fromages, que l'on désigne sous des noms différens, suivant le lieu où ils sont préparés ; dans plusieurs cantons de la France, on en fait d'excellens, tant avec le lait de vache, qu'avec celui de brebis et de chèvre. Ceux de Roquefort, de Brie, de Sassenage, sont très-estimés : cependant nous en tirons beaucoup de l'étranger, parmi lesquels je vous citerai comme les plus renommés, le fromage de Parmesan, celui de Hollande et celui de Gruyère.

Art de la cuisine.

L'*art de la cuisine* doit être considéré comme le luxe de la table ; on le regarde aussi comme le secret, transformé en méthode savante, de flatter le goût et d'exciter l'appétit au-delà du nécessaire, car la cuisine des gens sobres se réduit à préparer les mets d'une manière simple, pour satisfaire uniquement au besoin de soutenir leur existence.

Le laitage, le miel, les fruits de la terre, les légumes assaisonnés de sel, les pains cuits sous la cendre furent la nourriture des premiers peuples du monde ; ils jouissaient sans raffinement, des bienfaits de la nature ; ils n'en étaient que plus forts, plus robustes et moins exposés aux maladies ; dans la suite, on eut recours aux viandes bouillies, grillées, roties et aux poissons cuits dans l'eau : on en usait avec modération, la faim seule réglait alors le temps et le nombre des repas. Mais cette tempérance ne dura pas long-temps ; l'habitude de manger toujours les mêmes choses, apprêtées à peu près de la même façon, amena le dégoût ; pour le faire cesser, on

2 *

fit des essais dont la réussite éveilla la sensualité; l'homme goûta, essaya, diversifia, choisit et parvint à faire un art, de l'action la plus simple et la plus naturelle.

Les Asiatiques, peuples voluptueux, employèrent les premiers, dans la composition de leurs mets, toutes les productions de leurs climats, et mirent une recherche et une variété extraordinaires dans la manière de les apprêter. Bientôt la délicatesse des tables passa de l'Asie chez les autres peuples de la terre. Les Romains, devenus riches et puissans, se lassèrent de la vie frugale que leur imposait le joug de leurs anciennes lois, et ils portèrent au plus haut degré le raffinement et la dépense des repas. Ce furent eux qui introduisirent la multiplicité des services, et l'établissement des maîtres d'hôtels, écuyers tranchans, etc. Leurs *cuisiniers* étaient des gens importans, recherchés, considérés, et gagés à proportion de leur excellence dans un art si flatteur, mais si pernicieux pour la santé.

Le goût de la *cuisine* raffinée se perpétua chez les Italiens, qui firent connaître aux Français la bonne chère; elle devint ensuite pour eux un besoin; ils en contractèrent surtout l'habitude, à l'époque où Catherine de Médicis, eut partagé le trône de Henri II. Alors des cuisiniers de delà les monts passèrent en France, et s'y établirent.

Les Français, habiles à saisir les saveurs qui doivent dominer en chaque ragoût, surpassèrent leurs maîtres, et parvinrent à les faire oublier. Maintenant, les cuisiniers français, renommés chez toutes les nations, sont regardés comme ayant porté leur art au plus haut degré de perfection.

La *cuisine*, devenue plus composée et plus raffinée de siècle en siècle chez différentes nations, est actuellement une étude et même une science, sur laquelle nous voyons paraître sans cesse de nouveaux traités sous les noms de Cuisinier français, Cuisinier royal, etc., etc.

Malgré tout le succès qu'obtiennent ces méthodes savantes auprès de ceux qui font leurs délices de la bonne chère, il est reconnu que trop de recherches dans la manière de préparer les alimens, leur ôte de leur bonne qualité, et devient très-préjudiciable à la santé. Par trop d'excès en ce genre, on peut détruire son tempérament et abréger ses jours.

Il faut convenir cependant , que l'on doit à l'art de la cuisine quelques préparations très-utiles ; les unes se rapportent à la conservation des alimens, et les autres à les rendre de plus facile digestion : c'est par la coction faite à propos et par l'addition de différentes substances employées avec modération , qu'on les rend plus faciles à digérer ; le sel, en petite dose, est surtout un excellent digestif ; en irritant légèrement l'estomac, il en augmente l'action.

La conservation des alimens est d'une grande importance pour les voyages sur mer et dans les cas de disette , fléau dont les régions les plus fertiles sont quelquefois affligées.

On empêche la corruption des alimens par la dissécation , la salaison et la fumigation , et encore, en formant des gelées et tablettes de viande.

L'art de conserver les viandes, par le moyen du sel et des épices , quoique très-simple , présente des résultats si avantageux, que le grand Charles-Quint fit élever une statue à G. Buttel , pour avoir trouvé le moyen de préparer et d'encaquer les harengs : cela vous prouve , mes chers enfans , qu'un art utile à l'humanité est toujours digne d'estime.

Art du pâtissier.

Cet art peut être regardé comme une des branches de l'art de la cuisine ; il procure une diversité de mets très-délicats. Il est des sortes de pâtisseries qui ne sont réellement que des friandises , faisant partie d'un dessert composé avec choix et élégance ; on doit les mettre au rang du superflu ; néanmoins elles disparaissent toujours promptement de dessus la table , même à la suite d'un grand dîner. J'ai remarqué , mes bons amis , qu'après avoir satisfait votre appétit, vous ne pouviez résister à l'attrait qu'elles vous offrent, malgré cela je vous rends justice : tout en cédant à un mouvement de gourmandise , je ne vous ai jamais vus porter ce défaut à un excès par trop condamnable.

Les cuisiniers du premier ordre savent faire *la pâtisserie ;* mais comme elle exige beaucoup de temps et de soins, on a généralement recours , pour se la procurer , à des marchands qui en font spécialement leur état.

On distingue , mes enfans , deux classes de *pâtissiers :* les pâtissiers proprement dits , et les pâtissiers de pain d'épice. Le pain d'épice est une sorte de pain fait avec de la farine de seigle et assaisonné d'épices qu'on pétrit avec l'écume de sucre ou avec le *miel jaune* : ce miel est celui qui découle en dernier des gâteaux que construisent les abeilles ; je vous parlerai des travaux de ces industrieux insectes, en vous faisant connaître comment on recueille la cire. Les *pâtissiers proprement dits*, font des pâtes ordinaires et des pâtes feuilletées ; ces pâtes, qui ne diffèrent entre elles que par la manière d'être travaillées, se composent de farine, de beurre, d'œufs et de sel délayés avec de l'eau.

Les pâtissiers emploient fort peu d'instrumens : ils consistent dans un *tour à pâte*, forte table qui a des bords de trois côtés, un *rouleau de bois*, destiné à tourner la pâte, et des *moules* de différentes grandeurs, pour donner aux pâtisseries des formes agréables.

DEUXIÈME SOIRÉE.

Du Blé ; de la Culture de cette plante ; de la Récolte du grain ; de la Manière d'en obtenir de la Farine ; et de l'Art de faire le Pain.

LE pain est d'un usage général chez les peuples qui possèdent l'art de le faire ; cet art, quoiqu'en apparence simple et facile a été ignoré pendant très-long-temps et l'est encore dans beaucoup de pays. Ainsi que toutes les inventions humaines, ses commencemens ont été grossiers et ses progrès très-lents. C'est à la faveur de découvertes successives, par le concours de divers arts et à l'aide de travaux immenses, qu'on a pu enfin se procurer cet aliment journalier, devenu parmi nous indispensable au riche comme au pauvre. Vous ne pouvez vous imaginer, mes enfans, quelle multitude de bras il faut employer avant d'avoir pour résultat le *pain* ; cependant la modicité de son prix permet que l'indigent puisse en faire sa principale nourriture. Pour vous mettre à portée de connaître les développemens de l'industrie humaine, je vous donnerai non-seulement des notions sur l'art de faire le pain, mais, remontant pour ainsi dire à sa véritable origine, je vous parlerai d'abord de la manière de cultiver la plante qui nous fournit cet aliment, et des opérations préliminaires qui mettent le grain en état d'être employé par le *boulanger* ;

Le Bled et le Pain

N.° 1. Le Laboureur.

N.° 4. Le Meunier.

N.° 3. Les Batteurs en Grange.

N.° 2. Les Moissonneurs.

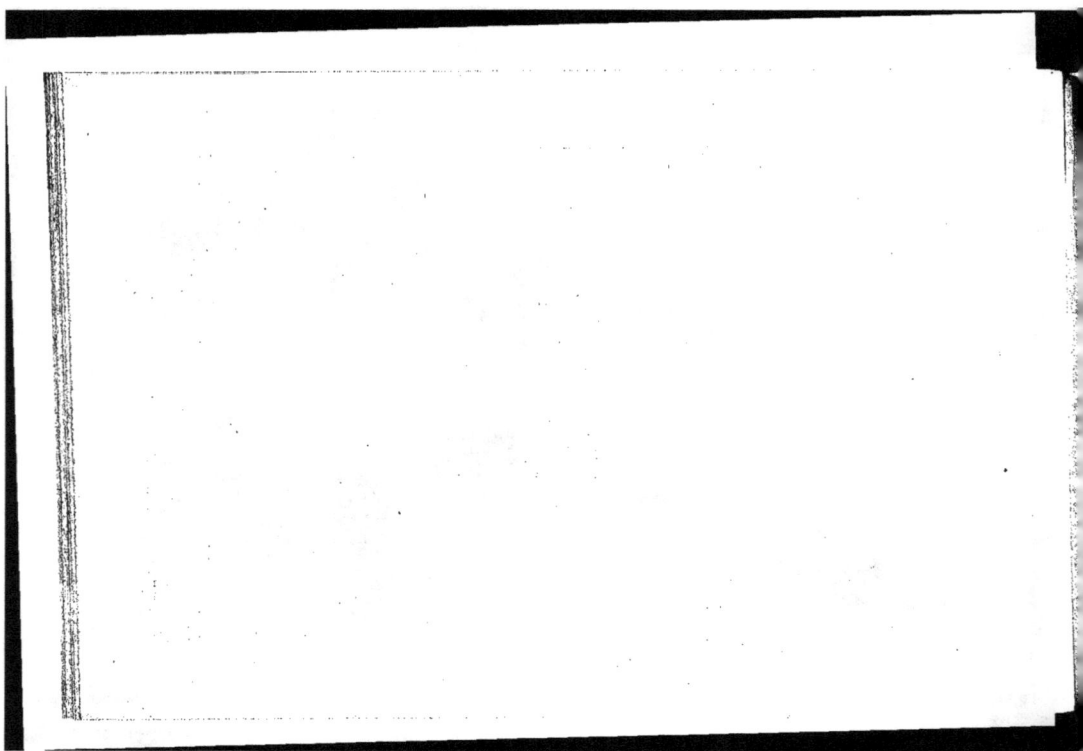

vous saurez alors apprécier, mes enfans, combien sont estimables ceux qui se livrent à des recherches ou à des occupations qui ont pour but l'utilité publique.

Je vous ai déjà parlé des avantages de l'agriculture, relativement au perfectionnement des espèces; vous allez en voir maintenant un exemple :

Le *blé* ou *froment*, qui, dans nos climats, est la plante la plus précieuse à l'humanité, n'était originairement qu'une herbe stérile : on est parvenu, par des cultures réitérées, à en obtenir ces riches épis qui contiennent une matière blanche, farineuse, dont on fait le *pain*. Le *froment* joint à l'excellence de sa qualité la propriété de se multiplier d'une manière si prodigieuse, que, souvent, un seul grain en fournit trois cent soixante.

Diverses autres sortes de plantes céréales, telles que le seigle, le méteil, l'orge, l'avoine et le sarrasin servent aussi à faire du pain ; dans le temps de disette on a même eu recours avec succès en France à la pomme de terre, plante tuberculeuse, dont la substance s'incorpore très-bien avec celle de froment. En Asie, en Afrique et en Amérique on fait le pain avec la farine de maïs ; mais de tous les grains le froment est celui qui contient la matière la plus blanche et qui en donne en plus grande quantité ; il a en outre l'avantage de fournir le meilleur pain.

Pour cultiver les terres avec tout l'avantage dont elles sont susceptibles, il est indispensable d'en connaître la nature. Telle demande à être travaillée d'une façon, et telle d'une autre. Une terre n'est bonne qu'à rapporter tels grains, et une autre n'est bonne qu'à une autre espèce.

Les terres labourables se partagent ordinairement en trois portions à peu près égales. On ensemence la première avant l'hiver en *froment* et en *seigle* ou bien en *méteil*, qui est un mélange de l'un et de l'autre. La seconde portion, après s'être reposée pendant cette saison, est ensemencée au printemps avec des *mars*, c'est-à-dire, avec de moindres grains, comme avoine, orge, lupin, lentilles et autres qu'on appelle mars, parce qu'on les sème dans ce mois ou au plus tard en avril. La troisième portion reste en jachère, c'est-à-dire, en repos, mais ce repos n'est qu'apparent ; on lui donne pendant ce temps plusieurs labours, et elle recueille dans son sein de nouveaux élémens fécondateurs ; elle reçoit de tous côtés, elle thésaurise pour l'année suivante, ou lui fournit des engrais ; la neige l'enrichit par les sels qu'elle contient ; les rosées et les pluies l'humectent, les vents mêmes lui apportent quelques sels et des sucs précieux qui préparent aux grains une végétation vigoureuse.

On donne ordinairement à la terre trois labours et quelquefois quatre à cinq, suivant sa qualité. Ces labours ont pour objet d'engraisser la terre et de détruire un nombre infini d'insectes et de mauvaises herbes ; avant le dernier labour on fume les terres. Ce serait en vain qu'on les aurait labourées si l'on n'avait soin de réparer leur épuisement par des engrais convenables. Le fumier de bœuf ou de cheval, très-bon pour les prairies, ne convient pas autant aux terres labourables ; on lui préfère celui des brebis, soit qu'on les fasse parquer dans les champs, comme il est d'usage en divers endroits, soit qu'on les tienne dans des étables sur une litière de paille ou de bruyère. On se sert encore de chaux, de plâtre, de cendres de toute espèce, de récurure de mares, de vases de la mer, ou des rivières, du limon des étangs, de fougère tendre et de feuilles qu'on a fait pourrir en tas. Vous voyez, mes enfans, que l'homme sait mettre tout à profit. Il a en outre découvert que la terre renfermait aussi des engrais propres à améliorer sa superficie, telles sont entre autres la marne, le sable et la terre glaise.

L'instrument dont on se sert habituellement en France pour labourer les champs est une *charrue*, à laquelle on attelle des chevaux ou des bœufs : en Italie on se sert de buffles, en Sicile on y emploie des ânes.

La terre ayant reçu les préparations nécessaires, on sème le froment à partir de la fin de septembre jusqu'aux premiers jours de novembre. La semence lève fort vite, la plante se développe et prend du corps avant l'hiver ; et pendant cette saison elle reste ordinairement dans un état d'inaction ; au printemps, la tige se forme et commence à monter, aussitôt on s'occupe de nettoyer le blé des mauvaises herbes qui se multiplient continuellement, et qui tendent à l'étouffer.

Le blé fleurit vers la fin de juin ; chaque épi ne reste en fleurs que pendant un ou deux jours : un mois se passe entre la floraison et la maturité, alors l'extrémité de la tige qui approche de l'épi prend une couleur jaune, et le grain acquiert de la dureté. Dès qu'on le juge bon à être coupé, le moissonneur entre dans le champ qu'on veut récolter ; armé d'une *faucille*, instrument dentelé, tranchant par sa partie concave, recourbé et emmanché d'un petit rouleau de bois, il saisit de la main gauche une poignée de tuyaux qui portent les épis, l'embrasse dans la courbure de sa faucille, l'abat en coupant la poignée par un mouvement circulaire de cet instrument, et couche derrière lui, à plate terre, chaque poignée de blé coupé dont il fait ensuite des gerbes. Il est des pays où l'on coupe les blés avec une *faux*, lame longue, recourbée par la pointe et emmanchée d'un long bâton.

Lorsque les blés ont été réunis en gerbes, on les met dans des charrettes pour les transporter à la grange, lieu destiné à les recevoir jusqu'au moment où l'on doit les *battre*, c'est-à-dire, séparer le grain d'avec l'épi. Il est des pays où l'on n'est point en usage d'engranger les blés : dans ce cas on dispose, le plus près possible de la ferme, une *aire*, place bien battue, préparée avec de la glaise, et l'on y bat les grains immédiatement après qu'ils ont été coupés. Néanmoins, si l'on est obligé de moissonner dans un temps où l'on ne puisse pas espérer une suite de beaux jours, on fait des *meules*. Ces meules, auxquelles on donne une forme de dôme, sont composées de gerbes dont tous les épis sont en dedans, de sorte qu'ils peuvent s'y conserver long-temps. Lorsque la meule est finie, on la couvre de paille suffisante pour que l'eau de la pluie ne la pénètre point.

L'art de dépouiller le grain de l'épi a été le sujet de beaucoup de réflexions et d'un grand nombre d'expériences, avant qu'on ait pu trouver un moyen d'y réussir facilement. La pratique la plus usitée, dans l'antiquité, était de répandre les gerbes sur un terrain fortement battu, pour y être ensuite foulées par des bœufs ou par d'autres animaux, qu'on faisait passer et repasser dessus à plusieurs reprises; quelquefois on se servait de grosses planches hérissées de chevilles ou de caillous pointus, qu'on traînait sur les gerbes, méthode qu'on suit encore en Turquie. On a aussi imaginé de froisser les épis par le secours de voitures pesantes, telles que les chariots et les traîneaux; à la Chine on fait passer sur les épis un rouleau de marbre brut.

Le procedé qu'on emploie le plus ordinairement en France, est aussi simple qu'ingénieux. Après avoir rangé les gerbes sur *l'aire* placée au milieu de la grange et avoir pris soin de mettre les épis les uns contre les autres, le *batteur en grange* frappe le blé à grands coups de *fléau;* cet instrument n'est qu'un long morceau de bois au bout duquel est attaché avec une forte courroie un morceau de bois plus court, mais qui conserve toute sa mobilité;

c'est à l'aide de ce petit morceau de bois, qui reçoit le mouvement qu'on lui imprime en haussant et en baissant le fléau, qu'on sépare le blé de son épi, en ayant soin de retourner en même temps plusieurs fois les différentes poignées de chaque gerbe; par ce moyen on détache très-bien les grains sans les écraser.

Lorsque les grains sont séparés de leurs épis, le *batteur en grange* prend une espèce de grande corbeille d'osier, de forme sémi-circulaire, qui n'a point de rebord d'un côté et à laquelle sont attachées deux mains aussi d'osier; cette corbeille se nomme le *van* : il met dedans une certaine quantité de blé, et, se tenant debout, il imprime à ce van qu'il pose sur ses genoux, et qu'il agite par le mouvement de ses bras et de son corps, une sorte de mouvement circulaire qui fait rapprocher de l'un des bords, à raison de la force centrifuge, les enveloppes du grain et toutes les matières étrangères les plus légères, que le batteur sépare et rejette avec la main.

Lorsque le blé est bien nettoyé, il le mesure dans une espèce de seau que l'on nomme *minot* ; on le porte ensuite dans des greniers où il est mis en tas. Il peut s'y conserver pendant plusieurs années, cependant il exige encore des soins, parce qu'il est sujet à s'y échauffer par l'humidité qu'il contient et par la chaleur que lui communiquent les insectes, tels que les *charansons* et les *teignes*, qui s'y multiplient et le détruisent. Pour éviter ces inconvéniens, on remue de temps en temps le blé à la pelle, et on le fait passer au crible par des journaliers, qu'on nomme *cribleurs de blé*; il y a des cribles de plusieurs sortes, les uns servent à enlever les insectes et les grains à moitié rongés les autres à trier et à séparer les grains, suivant leur grosseur.

Lorsque les grains ont été récoltés, ils deviennent en France l'objet d'un grand commerce, tant dans l'intérieur qu'à l'extérieur, et sont une source de richesse pour l'Etat et pour les particuliers.

Vous voilà instruits, mes enfans, de ce qui concerne la main-d'œuvre qu'occasionnent la culture et l'emmagasinage du blé. A présent je vais vous apprendre comment on est parvenu peu à peu à nous offrir, par la préparation de ce végétal, le meilleur et le plus sain de nos alimens.

Les anciens ont commencé par manger les grains en substance, tels que la nature les produit, et sans nulle préparation. L'action de les broyer avec les dents fit naître sans doute l'idée de les concasser. Les premiers instrumens que l'on y employa furent les pilons et les mortiers, soit de bois, soit de pierre. Cette trituration du blé exigeant beaucoup de temps et de fatigue, on substitua à cette méthode l'usage de deux pierres, l'une fixe, et l'autre qu'on faisait mouvoir à force de bras. Toutes les nations, comme de concert, condamnèrent leurs esclaves à ce travail pénible, qui devint le châtiment des fautes qu'ils commettaient.

Lorsqu'on eut trouvé le moyen de réduire les grains en farine, on se contenta encore long-temps d'en faire de la bouillie; ensuite on imagina de convertir la farine en une pâte que l'on mettait cuire sous la cendre : l'on préparait cet aliment dans la maison, et au moment du repas. L'Ecriture nous apprend qu'Abraham, en offrant l'hospitalité à un étranger, dit à Sara : «Pétrissez trois mesures de farine, et faites cuire des pains sous la cendre.»

Il paraît certain que les hommes ont connu assez promptement le secret de réduire le blé en farine grossière; mais celui de transformer la farine en bon pain n'a pas été découvert aussi aisément. Les pains des temps anciens ressemblaient beaucoup à nos *galettes* ou *gâteaux*; on y faisait entrer, avec la farine, du beurre, des œufs, de la graisse, du safran et d'autres ingrédiens, ensuite on les faisait cuire sur l'âtre chaud, sur un gril, ou sous une espèce de tourtière.

Les Orientaux paraissent avoir été les premiers peuples qui aient eu des préposés à la *cuite du pain*; les Hébreux, les Grecs, et surtout les Cappadociens, les Lydiens et les Phéniciens y excellèrent. Les ouvriers de ces contrées passèrent en Europe vers l'an 583 de la fondation de Rome; ils furent employés par les Romains, et introduisirent chez eux l'usage de *fours*, à côté desquels ils avaient des moulins à bras. On conserva à ceux qui produisirent ces machines, l'ancien nom de *pinsores*, ou *pestors*, du mot latin *pistores* (ou *pileurs*), dérivé de l'action de piler le blé dans des mortiers, et l'on appela *pistoriæ* les lieux où ils travaillaient : *pistor* continua de signifier un boulanger, et *pistoria* une boulangerie.

Les Romains, voulant encourager des hommes qui se livraient à une profession si utile, instituèrent des réglemens qui leur facilitaient le service public, et leur assuraient les moyens de soutenir leurs travaux et leur commerce; on en forma un corps, ou, selon les expressions du temps, un collége, auquel ceux qui le composaient restaient

3.*

indispensablement attachés, et dont les enfans mêmes n'étaient pas libres de se séparer. On les mit en possession de tous les lieux où l'on moulait auparavant, ainsi que des meubles, des esclaves, des animaux, et de tout ce qui appartenait aux premières boulangeries; on y joignit des terres, des héritages, dont ils jouissaient en commun.

Lorsque, dans les années de disette, les boulangers s'étaient distingués par leur zèle pour le bien public, ils pouvaient parvenir à la dignité de sénateurs.

Tous ces usages des Romains ne tardèrent pas à s'établir dans les Gaules, de là ils passèrent dans les pays septentrionaux. Néanmoins, un auteur célèbre assure qu'en Suède et en Norwège, les femmes pétrissaient encore le pain, vers le milieu du quinzième siècle.

La France eut, dès le commencement de la monarchie, des *boulangers* qui vendaient de la farine à ceux qui voulaient faire cuire chez eux, et ils en faisaient du pain pour les autres. Cet usage a duré jusqu'à la troisième race, où ils étaient appelés, comme chez les Romains, *pestors*, mais plus communément *pannetiers* ou bien *talmeliers*, parce que les marchands de farine faisaient passer le blé pilé dans des paniers d'osier, pour en séparer le *son*, que produit la peau du grain. Enfin on leur donnait aussi le nom de *boulangers*, qui provient de *boulents*, et boulents, provient de *polenta*, ou *pollis*, fleur de farine.

Vous savez, mes enfans, combien étaient pénibles, dans les temps anciens, les fonctions de ceux qui pulvérisaient les grains, puisqu'on imposait souvent ce travail comme punition; l'usage des moulins à bras fut un perfectionnement; il est vrai, mais remarquez quel important service le génie industriel a rendu à l'humanité, en découvrant le secret de faire servir les élémens à de si rudes travaux. Vous voyez, dans la campagne, des *moulins* qui sont mus par l'air, d'autres qui sont mus par l'eau; ces machines, d'une construction admirable, réduisent les grains en poudre, en même temps qu'elles en séparent le *son*; et, par ces moyens, elles ne laissent presque rien à faire au *meûnier*, artisan chez lequel on porte les grains pour les réduire en farine.

Les farines se divisent en différentes sortes qui servent à faire différentes qualités de pain.

Le boulanger met en vente du *pain mollet*, du *pain blanc*, du *pain bis* et du *pain bis blanc*.

L'art de faire le *pain* a pour principe de savoir allier, par une agitation violente, un corps farineux avec de l'eau et de l'air, et de lui donner ensuite une certaine forme que l'usage indique, et enfin une consistance par le moyen du feu.

L'atelier du boulanger est garni d'un *pétrin*, ou auge de bois dans laquelle on travaille la pâte ; d'une *ratissoire* pour détacher la pâte du pétrin, d'une *coupe-pâte*, d'une *couche* de table de bois, de *sébilles* et de *pannetons* ou petits paniers qui servent à donner la forme au pain ; d'un *four* et de tous les instrumens qui en dépendent.

Il est essentiel, pour faire du bon pain, de choisir l'eau la plus claire et de préparer avec intelligence le *levain*, qui, en faisant fermenter la pâte, le rend léger, savoureux et de facile digestion, qualités que n'avait point celui qu'on faisait autrefois. Le hasard a présidé à plusieurs découvertes ; le *levain*, en offre une preuve ; ce fut en mêlant, dans une vue économique, de la pâte aigrie avec de la pâte nouvelle qu'on obtint ces précieux résultats. Depuis qu'on a découvert l'art de faire fermenter les grains, pour en obtenir une liqueur spiritueuse, qu'on nomme *bière*, on a trouvé que l'écume, qui se forme pendant la fermentation de cette liqueur, est propre à faire lever la pâte d'une manière plus avantageuse, et plus parfaite que l'ancien *levain de pâte aigrie* ; en sorte qu'on emploie présentement cette *levûre* pour faire le pain de pâte légère ; mais quelques personnes pensent que le pain fait avec la levûre est beaucoup moins sain que le pain de pâte ferme fait avec le levain.

Avant de commencer à pétrir, on fait un creux dans la farine pour y délayer le *levain*, avec de l'eau plus ou moins chaude, selon la saison, jusqu'à ce qu'il soit dissous, de façon qu'il n'y reste aucuns *marrons*, ou grumeaux de levain.

Quand cette opération est faite, qu'on a mêlé de droite et de gauche une partie de la farine, qui est dans le pétrin, avec la pâte molle où l'on a délayé le levain, on *frase*, c'est-à-dire, qu'on fait la pâte un peu plus sèche, en y mêlant de nouvelle farine. A chaque tour ou façon qu'on donne à la pâte, on y verse de l'eau à proportion qu'on y met de la farine, et l'on y enfonce promptement les mains pour que l'eau la pénètre davantage ;

on la retourne ensuite plusieurs fois, et on la *boulange* dans le pétrain avec les poings fermés. On pétrit aussi quelquefois avec les pieds dans des baquets, ou sur une table placée à terre ; les boulangers, mettent leurs pieds dans un sac, et au lieu de replier la pâte, comme on fait quand on la boulange avec les poings, ils la coupent en morceaux qu'ils placent les uns sur les autres.

Lorsque la pâte a pris la consistance désirée, suivant qu'on veut faire le pain plus ferme ou plus léger, on la divise en parties égales avec le *coupe-pâte* ; on pèse chaque partie à la balance, on la tourne ensuite sur le *tour*, et on la laisse sur la *couche* jusqu'à ce qu'elle soit assez levée et prête à mettre au four.

La cuisson est la principale et la dernière chose requise dans la fabrication du pain ; c'est elle qui achève et qui donne la perfection à l'ouvrage du boulanger ; pour cet effet, on enfourne la pâte lorsqu'on juge que le four a été suffisamment chauffé, relativement à la qualité des farines dont on a fait la pâte. Les bonnes farines ne demandent qu'un four modérément chaud, au lieu qu'il faut qu'il le soit davantage pour les farines de médiocre qualité.

Le temps qu'on doit employer à la cuisson se calcule d'après la nature de la farine, la qualité de la pâte, la forme et la grosseur des pains.

Le pain de pâte molle est moins long à cuire que le pain de pâte ferme ; une demi-heure suffit pour les pains mollets d'une livre, le pain de douze livres demeure trois heures dans le four, celui de huit livres deux heures, celui de six livres une heure, celui de trois livres cinquante minutes, celui de deux livres trois quarts d'heure, celui d'une livre et demie trente-cinq minutes, et celui d'une livre une demi-heure.

TROISIÈME SOIRÉE.

Du Sel ; de sa Fabrication et de son Emploi pour la salaison du poisson.

JE vous ai indiqué, dans l'art de préparer les alimens, l'usage habituel que nous faisons du sel : il excite l'appétit, et facilite la digestion ; mais ce qui rend surtout cette substance précieuse, pour l'économie domestique, c'est la

Extraction
DU SEL.

No 1. Bâtiment de Graduation.

No 2 Évaporation des Eaux Salées.

No 3. Intérieur d'une Mine de Sel.

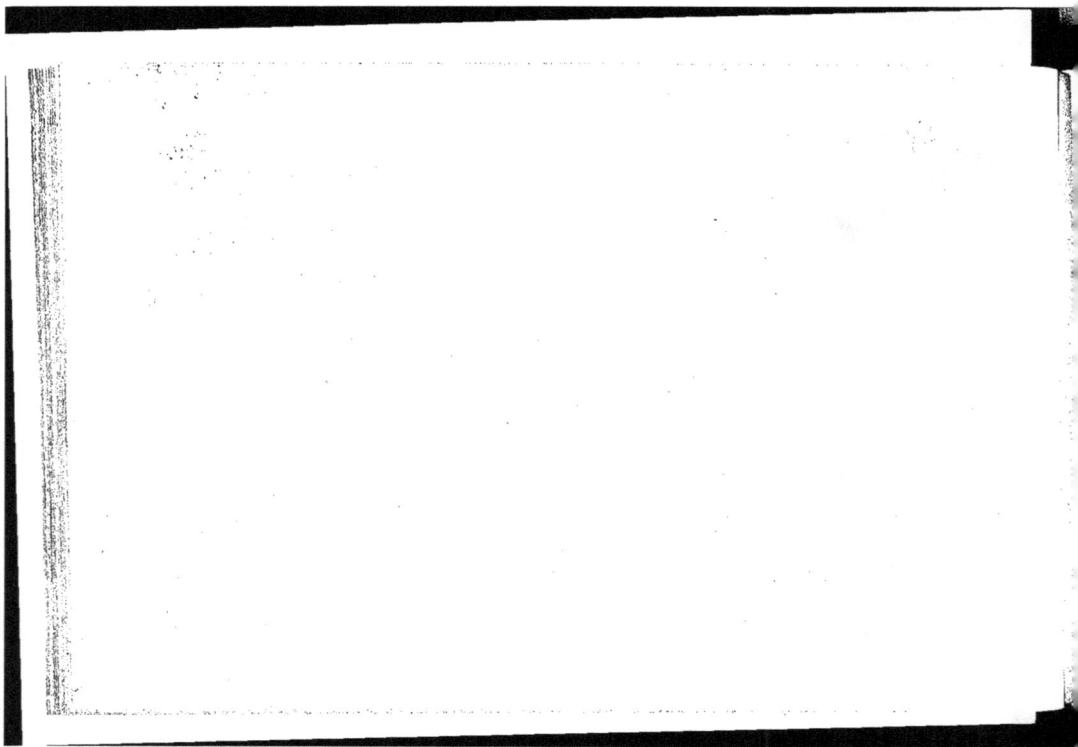

propriété qu'elle a d'empêcher, par son mélange, les viandes de se corrompre, et de les conserver long-temps.

Le sel donne en outre de la fertilité aux terres et fournit une grande partie de la soude employée pour la fabrication des savons et pour les verreries.

Cette substance est très-abondante dans la nature. Elle forme des masses considérables dans le sein de la terre, et l'eau de la mer en contient en dissolution ; car le sel en est retiré avec avantage sur toutes les côtes où la chaleur est assez grande pour permettre l'évaporation de l'eau. Par une heureuse distribution de la nature, le sel gemme se trouve principalement dans le nord de l'Europe.

Les mines de *sel gemme* les plus considérables sont situées en Pologne, à Viliska : elles occupent journellement quatorze cents ouvriers, et fournissent plus de 6,000,000 de sel par an. On a fait dans cette mine des excavations si profondes, pour en retirer le sel gemme, qu'on y voit des cavités assez grandes pour contenir une vaste église, et pour ranger plusieurs milliers d'hommes en bataille. Ces endroits servent de magasins pour les tonneaux, et d'écuries pour les chevaux employés aux charrois intérieurs. Ils restent toujours dans ces mines et y sont au nombre de quatre-vingts.

La mine de Viliska est exploitée sur plusieurs couches de sel d'une épaisseur très-considérable, et séparées entre elles par des bancs d'argile. Les différentes couches sont employées, dans les arts, à des usages variés. Le plus pur sert pour les salaisons, le plus impur est vendu dans le pays pour engrais.

On se sert, pour abattre le sel, de la propriété qu'il a de se déliter très-facilement dans plusieurs sens : on fait au moyen du pic une entaille profonde de plusieurs pieds, suivant un des sens de facile division ; on y introduit des leviers de fer, et en appuyant dessus, on fait détacher des blocs de sel gemme pesant entre cinq et six quintaux ; on les arrondit à leurs extrémités et on les enlève de la mine en les attachant à un fort câble, qui s'enroule sur un cylindre mu par un manége. Les petits morceaux sont mis dans des tonneaux. Les blocs de sel sont plus estimés que les fragmens, qui sont toujours un peu mélangés de terre.

Cette mine , comme toutes les mines en général , renferme des sources qui sourdent à travers les fissures des rochers. Ces eaux étant chargées de sel , déposent des cristaux sur les parois qui réfléchissent la lumière avec beaucoup de vivacité, comme le feraient des glaces , et donnent à ces chambres un aspect très-pittoresque. Elles s'accumulent dans des anciens travaux et forment des lacs de plus de cent toises de longueur , sur lesquels on peut se promener en bateau.

Ces eaux s'écoulent et donnent naissance à des sources salées qui ne sont pas exploitées , parce que le sel qui en proviendrait serait beaucoup plus cher que le sel de la mine. Il est probable que toutes les *fontaines* ou *sources salées*, doivent aussi leur origine à des eaux qui passent par des carrières souterraines de sel gemme , et dissolvent et contractent un degré de salure plus ou moins grand , suivant qu'elles en parcourent sans interruption les plus où moins longs espaces. Une remarque qui vient à l'appui de cette hypothèse, c'est que plus les pluies sont abondantes , plus les sources sont salées, ce qui provient de ce qu'ayant alors plus de volume, de poids et de vitesse, elles frappent avec plus de violence les angles des masses de sel qu'elles rencontrent , et en dissolvent davantage.

Les blocs de sel étant disséminés , il arrive souvent qu'à côté d'une source salée , il existe une source qui ne l'est pas , ou du moins qui l'est très-peu ; il faut alors , au moyen de conduits ou de toute autre méthode , empêcher qu'elles ne se mêlent , car la richesse de la source salée serait diminuée , et l'exploitation en serait plus coûteuse.

Les eaux des sources salées , outre le sel marin , contiennent en dissolution quelques substances étrangères , telles qu'un peu de pierre à plâtre , du sel d'Epsum ou sulfate de magnésie , et du sel de Glauber ou sulfate de soude. Tout l'art du saunier consiste à séparer les sels qui altèrent la pureté du sel marin , et qui le rendraient de mauvaise qualité dans l'usage des alimens.

La richesse des sources salées variant beaucoup , et comme, suivant leur teneur , elles sont exploitées d'une manière différente , la première opération à faire sur une source salée est de déterminer son degré de salure , ce qui se fait avec le *pèse-liqueur* , ou l'*aréometre* , petit cylindre creux , en verre , portant une boule creuse à son extrémité. Ce cylindre est gradué , et pour savoir la teneur de l'eau , il suffit de l'y plonger et de voir à quel degré il s'arrête.

Suivant leur degré de salure, on évapore les eaux directement dans des chaudières, ou l'on ne fait cette opération qu'après une concentration antérieure.

Dans le premier cas, on met dans une chaudière de tôle, de vingt-quatre pieds de profondeur, qu'on appelle *poële* ou *poëlon*, une certaine quantité d'eau salée. Cette chaudière est sur un fourneau, dans lequel on allume un feu ardent, qui ne tarde pas à faire entrer l'eau en *ébullition*. Après quelques instans d'ébullition, la pierre à plâtre ou sulfate de chaux, qui était en dissolution dans l'eau, se précipite peu à peu au fond de la chaudière, et tombe dans des caisses qu'on a eu soin d'y placer. A mesure que l'évaporation avance, le sel de Glauber ou sulfate de soude, qui est moins soluble que le sel marin cristallisé, s'en sépare en partie. On continue l'opération jusqu'à ce qu'il se forme à la surface une infinité de petits cristaux cubiques, qui annoncent que l'eau est saturée, et que le sel marin commence à se déposer; on ôte les caisses qui sont au fond de la chaudière, pour que le sel marin que l'on va recueillir ne soit pas mélangé de ces impuretés.

On évapore alors doucement la liqueur, en l'entretenant dans une faible ébullition. Le sel se cristallise lentement, et se dépose au fond de la poële. On le recueille à mesure qu'il se forme, et on le porte dans un magasin pour le faire égoutter. On continue ainsi l'évaporation de la liqueur jusqu'à ce qu'elle ne donne plus de sel; enfin il reste une eau-mère, qui est rejetée comme inutile.

Lorsque les sources salées ne sont pas assez riches pour être évaporées immédiatement par le feu, on emploie un moyen très-ingénieux pour le concentrer; ce moyen est d'augmenter le plus possible la surface de l'eau, et de l'exposer ainsi à l'action de la chaleur et des vents, qui l'évaporent en peu de temps. On se sert, pour cette opération, de *bâtimens de graduation*, espèces de hangars très-longs, garnis dans l'intérieur de charpentes, sur lesquelles est placé un grand nombre de fagots. Ce bâtiment, aéré de toutes parts, est couvert par un toit sous lequel on a pratiqué, de distance en distance, des réservoirs pour y recevoir les eaux salées que l'on y fait monter au moyen de pompes. Ces réservoirs sont garnis de robinets; on les ouvre pour faire couler l'eau sur les fagots; elle se divise, retombe en pluie, et présente ainsi une très-grande surface à l'action de l'air et de la chaleur, qui

4

l'évapore promptement. Elle est alors reçue, au pied du bâtiment, dans un réservoir; on la fait remonter de nouveau au haut du bâtiment, et on continue cette opération jusqu'à ce que l'eau ait acquis un degré de salure assez considérable pour être évaporée avec avantage dans les chaudières, ainsi que je viens de vous l'indiquer.

L'eau de la mer contient cinq à six pour cent de matières salines. Dans les pays méridionaux on la soumet à l'action du soleil et de l'air ; de manière que l'eau, en s'évaporant, abandonne le sel qu'elle contenait. Cette opération se fait dans les *marais salans*, terres basses et marécageuses que la nature a rendu propres, par leur situation, à recevoir l'eau de la mer. Ces marais sont partagés en bassins de différentes grandeurs, dont le fond a été uni et glaisé. Ils sont séparés par de petites digues en terre d'un pied de largeur ; de grands réservoirs ou *vasières*, isolés de la mer par des écluses, sont construits en dehors des marais salans. C'est dans ces vasières que, les jours des plus hautes marées, on recueille l'eau de la mer dont on doit retirer le sel ; et on l'y retient ensuite en fermant les écluses. Au bout de quelques jours l'eau étant déjà un peu évaporée et échauffée, on la distribue dans les compartimens, ou *œillets*, dans lesquels le sel doit se déposer.

L'eau soumise à l'action simultanée du soleil et de l'air s'évapore en partie, et s'épaissit par degrés insensibles. Bientôt elle se couvre d'une légère pellicule, et enfin, continuant à s'évaporer par l'effet de la chaleur, la croûte saline s'augmente de plus en plus, prend de la consistance et se précipite au fond de l'eau ; on l'en retire avec un râteau, composé d'une perche au bout de laquelle est appliquée une douve ; on met le sel sur le bord de l'œillet pour le faire égoutter. Ensuite on l'accumule en monceaux contenant plusieurs milliers de muids. On le laisse ainsi exposé pendant quelques jours à l'action de l'air pour achever de le sécher. On recouvre ensuite ces monceaux, de paille ou de joncs, pour les garantir de la pluie ; et on ne défait ces tas que pour vendre le sel. Celui qui a passé l'hiver éprouve moins de déchet que le sel nouveau, aussi a-t-il une valeur plus grande. Le premier est employé pour la salaison des poissons qu'on doit manger sous peu de jours. Le sel d'un an est destiné à la salaison de la morue, du hareng et des autres poissons que l'on veut conserver long-temps.

La pêche du hareng et l'art de le saler sont devenus une branche si importante de commerce, qu'Amsterdam leur a dû le fondement de sa grandeur, et les Hollandais la puissance et la richesse de leur état. Je vous indiquerai la méthode employée pour pêcher le hareng et pour le saler, qui diffère très-peu de celles usitées pour les autres poissons.

Les harengs paraissent régulièrement tous les ans vers le commencement de juin. On ne sait pas précisément quel est le lieu de la mer qui nous les fournit. On croit cependant que c'est des mers du nord que se fait leur migration, pour venir couvrir une partie des nôtres. Leur multitude est alors innombrable. On voit très-peu de ce poisson sur les côtes du sud, de l'Espagne, du Portugal, de l'Afrique et de la France. On ignore ce qu'il devient après avoir abandonné les côtes de l'Angleterre.

La pêche de ce poisson se fait ordinairement en deux saisons; l'une au printemps, le long de toutes les côtes d'Écosse, l'autre en automne, sur celles d'Angleterre, au nord de la Tamise. Il n'est point d'année où les Hollandais n'emploient à cette pêche plus de mille bâtimens.

Chaque vaisseau est muni de cent filets qui ont mille à douze cents pas de longueur: on les jette dans la mer en ramant doucement, et en allant contre le flux autant qu'on le peut, parce que le hareng est souvent emporté en arrière par la force des courans; comme ce poisson suit la lueur de la lumière et que, d'ailleurs, il jette une sorte de clarté qui indique l'endroit où il est, on ne le pêche ordinairement que la nuit, et on ne retire qu'une seule fois le filet, vers le matin, parce que le hareng mourant au sortir de l'eau, il faut nécessairement le saler ou le fumer tout de suite.

Dès que les harengs sont mis à bord du vaisseau, on en tire les entrailles, n'y laissant que les laites et les œufs, et on les met dans la saumure pendant douze à quinze heures; ensuite, on les fait égoutter, et on les arrange par lits dans les caques ou barils; enfin, on les recouvre d'une couche de sel, et on ferme exactement les barils, afin qu'ils conservent la saumure, et qu'ils ne s'éventent pas pendant la traversée.

Dès que le vaisseau est arrivé au port pour lequel il est destiné, on met à terre les barils, on en ôte les harengs qu'on jette dans des cuves où ils sont lavés et nettoyés dans leur propre saumure; on les met en presse pour les fouler davantage, et on les encaque dans de nouveaux barils; c'est après cette dernière préparation qu'ils sont

4*

vendus et deviennent une nourriture agréable , et une ressource précieuse pour le pauvre , leur extrême abondance permettant de les livrer à un prix très-modique.

QUATRIÈME SOIRÉE.

De la Vigne , et de l'Art de faire le Vin.

Là vigne est pour nous, après le blé , la plante la plus précieuse ; si l'une nous fournit notre principale nourriture , l'autre , en nous offrant, dans le *raisin* , un aliment frais et sain , nous procure encore la boisson la plus utile et la plus agréable.

L'usage modéré du vin fortifie l'estomac , ranime les esprits et répare les forces épuisées par la fatigue par le travail, ou par la maladie : toutefois , mes enfans , cette liqueur , prise avec excès , produit un effet absolument opposé alors elle devient, non-seulement nuisible à la santé , mais elle plonge dans un état de délire qui va souvent jusqu'à la fureur : aussi l'abus qu'on en peut faire est-il regardé comme un des vices les plus honteux.

La culture de la vigne, et l'*art de faire le vin* , sont au nombre des premières connaissances que les hommes aient eues sur l'agriculture. On peut croire que l'usage du vin est aussi ancien que le monde ; l'Écriture sainte nous apprend que Noé , père commun de toutes les nations, planta la vigne , exprima le jus des raisins , et but la liqueur qu'il en tira. On sait que, chez presque tous les peuples de l'antiquité , une des cérémonies du culte extérieur , consistait à offrir à Dieu du *pain* et du *vin* , pour le remercier d'avoir donné aux hommes , la vie, et ce qui en est le soutien.

La vigne est originaire de l'Asie. Les Phéniciens, qui faisaient en grande partie le commerce connu des anciens, et qui avaient des relations avec tous les peuples policés, la firent passer dans la plupart des îles de la Méditerranée, et la répandirent sur le continent de l'Europe. Elle réussit très-bien dans l'Archipel, et de là on la transporta en Grèce et en Italie. Cultivée avec soin par les Gaulois, qui s'établirent sur les rives du Pô, elle

Vignerons

N.º 1. Culture de la Vigne.

N.º 3. Vendangeurs.

N.º 4. Pressoir.

N.º 2. Traite de la Vigne (Foulage).

N.º 5. La Cave (Mise en bouteilles).

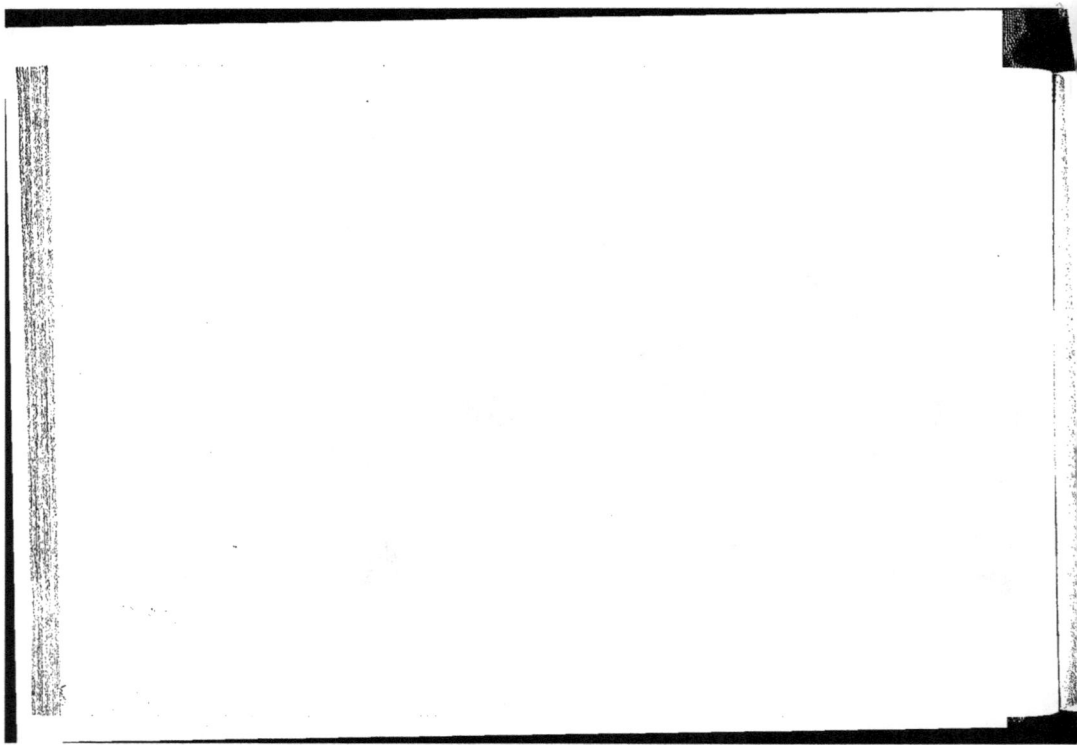

a, dans la suite, donné naissance en France à une branche d'agriculture et de commerce dont les avantages sont maintenant aussi considérables pour nous que ceux que nous procure le blé.

Les vignes croissent naturellement dans quelques contrées de l'Amérique; mais, dans nos climats, elles exigent de grands soins et occasionnent beaucoup de dépenses, dont, à la vérité, on est amplement dédommagé; les revenus qu'elles produisent excèdent souvent celui des terres à grains.

Les différens travaux que nécessite la vigne, ainsi que la préparation du vin, sont l'ouvrage du vigneron.

On plante la vigne de boutures ou de plants enracinés; on peut aussi la multiplier par le moyen des *provins* et de *marcottes*.

Les *marcottes* se font des meilleurs brins de la vigne : on passe ces brins à travers un panier rempli de terre, et lorsque la marcotte a pris racine, on la transplante.

Pour planter la vigne, on fait usage d'une bêche renversée qu'on nomme *houe*. En la plantant on a soin de l'aligner : on se sert, à cet effet, d'un cordeau parsemé de nœuds, à distances égales.

Il faut, pendant le cours de l'année, la *tailler*, l'*ébourgeonner*, la *lier*, la rogner, et lui donner au moins trois labours. La taille a lieu ordinairement dans l'automne : elle a pour objet, 1°. de faire pousser un plus gros bois ; 2°. d'empêcher que la plante ne porte trop de fruits, et qu'ainsi elle ne s'épuise en peu d'années; 3°. de faire mûrir le raisin ; 4°. de lui faire produire de nouveaux rejetons au-dessus de la tête.

L'ébourgeonnement n'est pas moins essentiel que la taille ; il consiste à retrancher tous les bourgeons qui ne sont pas susceptibles de donner des branches à fruits.

Après le premier labour, qui a lieu en mars, on pique près du *ceps* des échalas qui servent à le soutenir; le second labour, qu'on appelle *binage*, se donne avant la floraison ; quand la fleur est tombée, on lie la vigne à l'échalas, avec des brins d'osier; en même temps on la *rogne*, c'est-à-dire qu'on coupe le bois superflu qui a cru à l'extrémité des branches, et lorsque le fruit est noué, on donne le troisième labour, ce qu'on appelle *rebiner* ou *tiercer*.

Je n'entrerai pas dans de plus grands détails, mes enfans, sur les travaux qu'exige la vigne; ce que j'aurais à vous dire à ce sujet, n'étant important que pour ceux qui se livrent par état à la culture de cette plante.

Je vais donc maintenant vous donner quelques notions sur la manière de faire le vin.

Lorsque le temps des vendanges approche, le vigneron fait provision de tonneaux et il veille à ce que le pressoir et les cuves soient en bon état.

Dès que le raisin est en maturité, les vendangeurs et vendangeuses vont dans les vignes faire la *cueillette*, opération que l'on réitère par trois fois. La première cueillette doit être des raisins les plus mûrs, les plus fins, les moins serrés; on en supprime tous les grains gâtés ou verts, et l'on en coupe la grappe fort court, parce que la queue étant âcre et amère elle communiquerait au vin un goût désagréable. La seconde cueillette doit être des raisins gros, serrés et moins mûrs; la troisième des raisins verts ou pourris, desséchés et de rebut. De ces trois cueillettes, on fait trois cuvées qui, suivant le choix et l'assortiment des raisins, donnent des vins de qualités et de nuances diverses.

On est parvenu à tirer du raisin noir, qui est l'espèce la meilleure et qui donne le plus de jus, du *vin blanc, rouge, gris* ou *pailler* à volonté. Pour obtenir, avec le raisin noir, du vin parfaitement blanc, voici les moyens qu'on emploie:

Les vendangeurs entrent de grand matin dans la vigne : si le soleil n'est pas trop ardent, ils vendangent jusqu'à onze heures, dans le cas contraire, ils quittent à neuf; ils choisissent les plus beaux raisins, les couchent mollement dans leurs paniers, les placent très-doucement dans les hottes pour être portés au pied de la vigne, puis ils les mettent dans de grands paniers, en prenant tous les soins nécessaires pour qu'ils conservent l'azur et la rosée dont ils sont couverts. Le brouillard, aussi bien que la rosée, contribue beaucoup à la blancheur du vin.

Si le soleil est un peu vif, on étend les nappes mouillées sur les paniers, parce que le raisin venant à s'échauffer, la liqueur pourrait en prendre une teinte de rouge. On transporte avec précaution le raisin au pressoir, pour en exprimer le jus.

L'invention des *pressoirs* remonte, mes enfans, à une si haute antiquité, qu'on ne peut en déterminer l'époque : les livres saints font mention de machines de ce genre, mais on ignore si elles étaient semblables à celles dont on se sert maintenant.

Lorsque toutes les précautions nécessaires sont prises, le vin qui coule à la première *serre* des raisins mis sous la presse est le vin blanc. Après cette première serre, qui donne le vin le plus fin et le plus estimé, on relève les raisins qui se sont écartés de la masse, et l'on donne la seconde *serre;* ensuite on taille carrément avec une pelle tranchante les extrémités de la masse; on rejette par-dessus tout ce qui a été taillé, et on donne une troisième serre qu'on appelle *première taille;* successivement plusieurs autres *serres*, qui s'appellent *tailles*, jusqu'à ce que la masse ne produise plus de jus. Les vins de taille vont toujours rougissant par degrés, parce que l'action du pressoir se fait sentir de plus en plus sur la pellicule des grains, qui contient les sucs qui colorent.

Lorsqu'on veut faire du *vin rouge*, on cueille le raisin pendant la plus grande ardeur du soleil; on le foule et on le laisse cuver avant de le pressurer, de manière qu'il s'établisse un commencement de fermentation, au moyen de laquelle la substance colorante est enlevée, et coule comme la liqueur qui se rend dans la cuve. Elle se mêle à la masse totale de la liqueur à proportion du séjour qu'elle a fait dans la cuve. Lorsqu'elle y est restée suffisamment, on tire le vin et on le met dans des tonneaux; on le laisse fermenter pendant quelques jours à l'air; quand il est parvenu au point de la fermentation vineuse qui le rend agréable, on bouche légèrement les tonneaux, pour que le grand feu du vin puisse s'échapper.

Les vins d'une qualité supérieure sont susceptibles de se conserver long-temps, mais leur bonté et leur longue durée dépendent particulièrement du soin qu'on prend de les débarrasser de leur lie. Pour y parvenir il est nécessaire de les tirer à clair et de les coller : pour tirer à clair on emploie divers moyens, un d'eux consiste à faire passer le vin de dessus la lie dans un tonneau bien net, à l'aide d'un boyau de cuir et d'un soufflet; on le colle soit avec des œufs, soit avec de la colle de poisson.

Lorsque le vin est parvenu au point de clarification où il doit être, et qu'il a exhalé au travers des pores du tonneau ce qu'il avait de dur et de fougueux, on le met en bouteilles, en ayant soin de le boucher très-ferme, pour qu'il ne s'évente pas. Quand il est d'une qualité précieuse, on enduit les bouchons de cire ou de poix ; l'on y ajoute du fil de fer, lorsque le vin est mousseux.

On distingue, en général, deux espèces de vins : *les vins de liqueurs et les vins secs ;* mais ces deux espèces offrent, en raison de la différence de terroir et de climat, des variétés innombrables. La France est une des contrées de l'Europe la plus propre à la culture de la vigne, elle recueille les meilleurs vins, et en fournit le plus au commerce. La Bourgogne nous procure des vins légers et salutaires, de plusieurs qualités et de plusieurs prix. L'Orléanais donne des vins solides, mais généralement inférieurs à ceux de Bourgogne. Les vins de Champagne, de Bordeaux et de Roussillon font partie de vins de luxe, ainsi que les vins muscats de nos provinces du midi. L'Espagne donne le *malaga*, le *rota* et quelques autres ; le Portugal, les vins de *Porto* ; l'Italie, le *lacrima-Christi* ; l'Allemagne recueille des vins froids très-estimés, appelés *vins du Rhin* ; la Hongrie fournit le *Tokai* ; le vin de *Madère* nous vient de l'île de ce nom, qui est voisine de l'Afrique ; il est encore beaucoup d'autres vins très-renommés, auxquels les gourmets mettent un haut prix, et que l'on doit placer au rang des choses superflues.

Le vin est, non-seulement comme boisson, l'objet d'un commerce considérable pour la France, mais l'industrie a su encore découvrir dans cette liqueur des avantages importans ; on en retire, par la distillation de l'*eau-de-vie* et l'*esprit de vin ;* et par le changement que le vin éprouve en passant de la fermentation vineuse à la fermentation acide, on obtient le *vinaigre*, qui est d'une utilité journalière dans l'apprêt de nos alimens.

Le vin nous procure en outre, par sa dépuration dans les tonneaux, deux matières très-utiles, l'une est le *tartre*, sel essentiel du vin, qui s'attache aux parois des tonneaux, l'autre la *lie* de vin, qui est aussi un *tartre* qui s'est précipité au fond du tonneau, où il est demeuré liquide en se trouvant mêlé avec les parties les plus visqueuses du vin ; enfin on retire de la lie la cendre *gravelée*, qu'on emploie dans plusieurs arts.

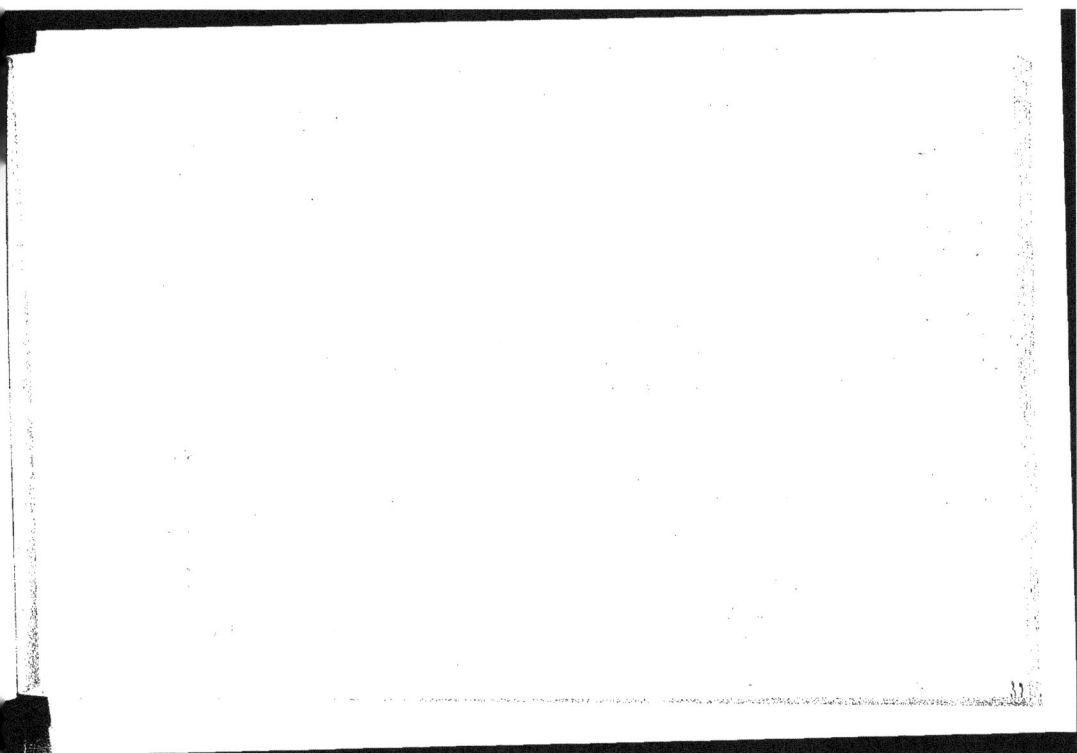

Culture de la Canne à Sucre et fabrication du Sucre

N°1. Culture de la Canne à Sucre.

N°2. Moulin où l'on écrase les cannes à Sucre.

N°3. Cuisson du Vesou.

N°4. Raffinage du Sucre.

N°5. Sucre candré et mis en pains.

CINQUIÈME SOIRÉE.

De la Canne à Sucre, de sa Culture et de la Fabrication du Sucre.

Le sucre réunit tant de propriétés utiles, que cette denrée, quoique étrangère à notre continent, est devenue pour nous, mes enfans, d'un usage presque indispensable; le sucre est agréable au goût, et il adoucit ce qui est âpre ou amer; on l'emploie dans les cuisines, dans les offices; on en compose toutes sortes de friandises; il entre dans la confection des liqueurs, des ratafiats, des sirops, et il est nécessaire en pharmacie pour la préparation de plusieurs remèdes.

La plante dont on retire cette substance est une espèce de roseau qui croît naturellement dans les Indes, et dans les pays chauds de l'Amérique, surtout aux Iles Antilles, où l'on en fait la principale récolte. Ce roseau se nomme en français *canne à sucre*, ou *cannamelle*. Il contient dans sa moelle un sirop délicieux, qui donne par le moyen de la cristallisation, un sel essentiel, gras et d'une saveur sucrée.

On ignore à quelle époque on a commencé de cultiver ce roseau pour en obtenir le *sucre*; néanmoins on prétend que cet art était connu des Arabes, il y a plus de huit cents ans.

La canne à sucre s'élève à neuf ou dix pieds, et souvent plus haut; sa tige est composée de nœuds d'où sortent des feuilles qui tombent à mesure que la canne acquiert de l'accroissement, en sorte qu'à sa maturité il n'en reste qu'un bouquet vers le sommet; lorsqu'elle fleurit il sort du milieu des feuilles dont elle est couronnée, une espèce de flèche ou jet long de trente à trente-cinq pouces, que termine un grand panache parsemé de petites houpes très-déliées, renfermant la semence.

Cette plante se multiplie facilement par le moyen de boutures, qu'on met en terre dans des sillons creusés à trois pieds les uns des autres. Si la saison est favorable, le plant commence à pousser au bout de sept à huit jours, et généralement, en neuf à dix mois, ces cannes parviennent à leur maturité. Dans un bon terrain, bien préparé et soi-

5

gneusement entretenu', le plant peut subsister jusqu'à quinze ans , sans qu'il soit besoin de le renouveler , mais dans les terrains maigres on est quelquefois obligé de faire de nouveaux plants après la seconde coupe.

Lorsqu'on veut faire la récolte des cannes , on les coupe , et après en avoir ôté les feuilles, on les réduit à la longueur d'environ quatre pieds , on les met en bottes , puis on les porte au moulin afin d'en exprimer le suc.

Ces moulins sont composés de trois rouleaux de bois , emboîtés solidement chacun dans un cylindre de fer de fonte , dont la surface extérieure est bien polie. Ces cylindres écrasent par leur révolution les cannes qu'on y présente ; deux nègres sont ordinairement employés à cette manœuvre. L'un engage l'extrémité des cannes entre le premier et le second cylindre ; l'autre, placé du côté opposé, en reçoit les extrémités à mesure qu'elles passent, et les introduit entre le second et le troisième cylindre. Cette opération , qui s'exécute avec une grande promptitude, offre des dangers pour ceux à qui on la confie ; quelquefois il arrive que leurs doigts se trouvant pris avec les cannes, leur corps passerait tout entier entre ces espèces de meules verticales, si l'on n'y remédiait en arrêtant aussitôt le moulin, ou même en leur coupant le bras lorsque déjà il y est engagé.

Les cannes, broyées entre les cylindres, rendent le jus qu'elles contiennent. Ce jus, reçu dans une espèce d'auge , s'écoule par le moyen d'un canal dans une grande chaudière établie dans la sucrerie. Cette liqueur nouvellement exprimée , porte le nom de *vesou* ou *vin de cannes*. Les débris des cannes portent celui de *bagasse* ; ils servent à entretenir du feu sous les chaudières. Dans quelques habitations on les met fermenter dans de l'eau avec les écumes les plus grossières que rend le *vesou*, et l'on en fait une espèce de vin que les nègres trouvent assez agréable.

Le *vesou* devenant aigre s'il est gardé plus de vingt-quatre heures, on procède promptement à sa cuisson ; alors on y mêle une certaine quantité d'eau de chaux et de lessive de cendres. On allume du feu sous la chaudière, et la masse fluide qu'elle contient produit en s'échauffant une grande quantité d'écumes épaisses ; ces écumes servent à la nourriture des animaux, ou bien ainsi que je vous l'ai dit, à faire une boisson. On verse ensuite le *vesou*, déjà un peu épuré par cette première opération, dans une autre chaudière moins grande, et après y avoir jeté de l'eau de chaux et de lessive, on le fait bouillir à gros bouillon, on enlève les écumes qui paraissent à la surface et elles sont déposées dans une chaudière roulante pour être ensuite clarifiées et cuites. Après avoir fait passer successivement le *vesou* dans six chaudières différentes , où , à force de bouillir, d'écumer et de s'évaporer , il a pris enfin une consistance de sirop, on transfère cette masse de sirop dans une chaudière sous laquelle il n'y a point de feu ; on imprime à cette masse avec une spatule de bois , un mouvement continuel , jusqu'à ce qu'elle se soit convertie en une infinité de petits grains ou cristaux : alors on en remplit des *formes*, soit de terre, soit de bois , ou bien des tonneaux dont le fond est percé de deux ou trois trous, par où la partie qui n'est point cristallisée s'écoule dans une citerne ; on l'en retire ensuite pour lui faire subir de nouvelles préparations , au moyen desquelles on obtient diverses espèces de cassonades.

La matière versée dans les *formes* donne également plusieurs sortes de cassonades. La masse cristallisée s'étant affaissée par l'écoulement du liquide, on achève de remplir les tonneaux avec du sucre de la même espèce , et c'est ainsi qu'il est expédié dans le commerce , sous le nom de *sucre brut , ou moscouade.*

Le sucre brut et la plupart des cassonades ont besoin d'être épurés avant d'être employés aux usages de la vie. Cette opération, qui s'appelle *raffinage*, ne s'exécutait autrefois qu'en Europe ; maintenant l'Amérique a des ateliers de raffineries où l'on fait de très-beau sucre.

Plusieurs villes de la France renferment de ces établissemens , et l'on désigne sous le nom de *raffineurs* , ceux qui embrassent ce genre d'industrie.

Le travail que l'on fait dans nos raffineries sur les différentes espèces de *sucre brut* , consiste à les débarrasser de la substance grasse dont ils sont encore empreints , et qui en rend le grain jaunâtre et d'un goût mielleux. Pour y parvenir , on dissout le sucre avec de l'eau de chaux et du sang de bœuf , et l'on réitère, pour le raffiner , à peu près les mêmes opérations employées lorsqu'il a été fabriqué , c'est-à-dire qu'on lui donne plusieurs cuites dans des chaudières différentes , et qu'on enlève toujours soigneusement les écumes que chaque ébullition lui fait jeter. Lorsque le sucre , changé en sirop, paraît suffisamment clarifié, on le retire de la chaudière avec une grande cuiller de cuivre : on le verse dans le bassin d'une dalle qui le conduit dans une grande chaudière où, avant que de pénétrer, il passe dans

5*

une étoffe de laine appelée *blanchet* ; cette étoffe est supportée par un panier d'osier , très-clair , et la chaudière au-dessus de laquelle est le panier n'a pas de fourneau.

Lorsque , par le moyen du *blanchet* , le sirop est dégagé des impuretés qui ne s'étaient pas élevées avec les écumes , on le porte avec des bassins , dans la chaudière à cuire : on l'y fait bouillir à gros bouillons , ensuite on le transporte dans un autre atelier où , par le même procédé employé pour le sirop de vesou , on le réduit en cristaux : ce sucre encore imparfait est mis dans des bassins à anses, qui sont alongés et présentent une espèce de bec, par lequel on verse le sucre encore chaud dans les *formes.*

Les *formes* sont des vases de terre cuite , d'une figure conique, ouverts en plein par leur base , et percés, à leur pointe, d'un petit trou que l'on bouche préalablement avec des morceaux de linge mouillé, qu'on appelle *tapes ;* ces vases sont disposés dans l'atelier par rangées de trois ou quatre ; ils sont placés la base en haut.

Lorsque le sucre mis dans les *formes* commence à se refroidir, sa surface se couvre d'une espèce de croûte cristalline que l'on a soin de briser avec un instrument de bois qu'on appelle couteau : on enfonce cet instrument jusqu'à la pointe de la forme , en ayant l'attention de le passer deux ou trois fois contre les parois intérieures, afin d'en détacher le grain.

Ces opérations terminées, on transporte les formes dans des greniers ; on en retire les *tapes* qui empêchaient la partie non cristallisée de s'échapper ; on perce la pointe des pains avec une espèce d'alène , puis on dispose les formes comme elles l'étaient dans l'atelier, excepté que leurs pointes sont introduites dans des pots dont la grandeur est proportionnée à la quantité de sirop qui doit s'écouler. Cinq ou six jours après , on retire les pains de sucre de dedans les formes , on les examine , et ceux qui n'ont point de défauts sont remis dans les formes , sous de nouveaux pots, pour être *terrés.* Cette opération consiste à tasser d'abord du sucre en poudre sur la base des pains , et à combler le vide que l'écoulement du sirop a produit dans les formes, au moyen d'une bouillie faite avec de l'argile délayée dans l'eau. Dès que les pains sont *terrés* , on ferme les portes et les fenêtres des greniers , pour empêcher l'air extérieur de dessécher la terre ; l'eau qu'elle contient se filtre insensiblement à travers les molécules du sucre , délaie le sirop superflu qui les colorait , et se détermine par son poids à s'écouler dans les pots placés sous les formes. Au bout de dix à douze jours , la terre s'étant totalement desséchée d'elle-même, on l'enlève de dessus les pains, dont on nettoye la base qu'on recouvre d'une nouvelle couche de terre.

Aussitôt que cette nouvelle couche a produit son effet, on l'enlève de dessus les pains qu'on pose alors sur leur base , et quelques jours après on les porte à l'*étuve*, bâtiment où il y a ordinairement six planchers, sur lesquels on range les pains ; un poêle placé dans le bas de l'étuve sert à y entretenir la chaleur nécessaire pour faire sécher le sucre ; quand il est parfaitement sec, on choisit parmi les pains ceux qui n'ont ni taches , ni cassures , on les enveloppe d'un papier bleu ou violet, selon que le sucre est plus ou moins fin, et l'on met du papier blanc dans l'espèce de capuchon dont on couvre la tête des pains; on les corde ensuite et on les dépose dans des cases destinées à chaque espèce particulière de sucre.

Les cannes ne sont point les seules plantes qui fournissent du sucre ; la sève du *bouleau* contient un suc d'une saveur assez agréable , et qu'on obtient facilement en faisant une incision au tronc de l'arbre dès que les feuilles commencent à pousser. Ce suc étant épaissi en consistance de sirop donne un *véritable* sucre.

L'*érable du Canada* renferme une eau sucrée que les Canadiens recueillent aussi par incision ; ils en font une liqueur fermentée ou bien du sucre, mais il n'acquiert jamais la blancheur de celui qui provient de la canne.

Pendant quelques années, la France n'ayant pas de communication avec les colonies, l'industrie française a cherché à remplacer le sucre de la canne par un sucre indigène : ses efforts ont été couronnés du succès, et le sucre de *betteraves* , fabriqué dans plusieurs villes de la France , peut rivaliser avec celui que nous tirons du nouveau monde.

SIXIÈME SOIRÉE.

De la Culture du Cacaoyer ; de la Récolte du Cacao ; de la Fabrication du Chocolat et de l'emploi du Sucre et de divers végétaux par le Confiseur.

Vous aimez beaucoup le *chocolat*, mes enfans, soit qu'on vous en prépare un aliment liquide, ou qu'on vous en fasse une crème délicate ; vous n'aimez pas moins les *confitures*, les *dragées* et en général toutes les sucreries : que de motifs pour que je doive penser que vous me saurez gré de consacrer cette soirée à vous faire connaître le genre d'industrie, qui, en nous offrant une quantité innombrable d'objets propres à flatter délicieusement notre goût, forme, ainsi que la préparation et la fabrication du chocolat, une branche très-lucrative de commerce.

Le *chocolat* n'était point encore connu parmi nous dans les commencemens du seizième siècle. Les Espagnols ayant fait en 1520 la conquête du Mexique, y trouvèrent l'usage du *chocolat en liqueur*, établi de temps immémorial ; ils reconnurent que cette boisson était salubre, et ils en contractèrent l'habitude : jaloux de leur découverte, ils en profitèrent long-temps avant d'en faire part aux autres nations. Après qu'ils eurent publié leur secret, le chocolat devint l'objet d'une si grande consommation en Europe, que la vente du *cacao*, ingrédient qui est la base du chocolat, fournit à une branche considérable de commerce entre l'Amérique, d'où on le tire, et notre continent.

Le *cacao* est une espèce d'amande que renferme le fruit du *cacaoyer*, arbre particulier au nouveau monde ; il y en a des forêts considérables en Guyanne, et il est cultivé avec soin dans plusieurs autres contrées de l'Amérique.

Le *cacaoyer* est d'une grandeur et d'une grosseur médiocres, qui varient suivant la nature du sol. Cet arbre ne rapporte guère avant trois ans, il est dans sa force à cinq, alors on le voit, pendant toute l'année, chargé de

Fabricant de Chocolat
ET
Confiseur-Distillateur.

N.º 1. Récolte du Cacao.

N.º 2. Atelier où l'on pille le Cacao.

N.º 3. Fabrication du Chocolat.

N.º 4. Laboratoire du Distillateur.

N.º 5. Laboratoire du Confiseur.

fleurs et de fruits, qui mûrissent successivement : la grosseur de ce fruit est à peu près celle du concombre ; sa cosse a environ trois lignes d'épaisseur. Sa capacité est remplie de vingt, trente ou trente-cinq amandes de *cacao*, séparées par une substance blanche mucilagineuse, et d'une acidité agréable quand le fruit est mûr.

Les amandes de *cacao* sont assez semblables aux pistaches, mais plus grandes et plus grosses, arrondies, couvertes d'une pellicule sèche et dure ; la substance de l'amande est un peu violette, roussâtre, d'un goût amer et légèrement acerbe.

Dès que le *cacao* est parvenu à sa maturité, les nègres font tomber avec de petites gaules les *cabosses* ou cosses mûres, en prenant bien garde de toucher à celles qui ne le sont pas, non plus qu'aux fleurs; on les ramasse ensuite dans des paniers, et on les laisse sécher en piles sur la terre pendant trois ou quatre jours. Après ce temps on retire les amandes de dedans les cosses, on les met en piles sur un plancher volant, on les recouvre de feuilles et d'une planche qui, par sa pression, fait éprouver au cacao une légère fermentation, ce qu'on appelle le faire *ressuer.*

Lorsqu'il a ressué, on le met sécher au soleil sur des nattes de roseaux. Ce sont ces graines de *cacao*, ainsi préparées, qui sont apportées en Europe, et vendues par les épiciers.

Pour fabriquer le *chocolat*, on met les amandes de cacao dans une poêle de fer, qu'on place sur un feu de charbon ardent pour brûler légèrement l'écorce ligneuse du cacao, et l'on a soin de le remuer avec une spatule de bois, pour qu'il puisse s'échauffer sans rôtir. Lorsqu'on juge que l'amande peut se séparer facilement de l'écorce, on met le cacao dans un crible de fer et on le brise avec un morceau de brique, opération qui peut aussi s'exécuter au moyen d'un moulin. On le vanne ensuite pour en ôter les écorces et les ordures. Quand il est bien nettoyé, on le met de nouveau sur le feu, et dès qu'il est au degré de torréfaction nécessaire, on le passe légèrement au *van*. Après ce second vannage, on met le cacao dans un mortier de fer que l'on a fait bien chauffer en l'emplissant de charbons ardens ; on l'y pile avec un pilon de fer, jusqu'à ce qu'il soit réduit en pâte ou en huile ; on y incorpore, tandis que le mortier est encore chaud, une quantité de sucre égale à celle de la pâte de cacao : on broye cette pâte, livre par livre, sur la pierre à chocolat.

Cette pierre plate et unie est affermie sur un châssis de bois en forme de buffet, dont l'intérieur est garni de tôle, afin d'y recevoir une petite poêle de braise allumée, qui sert à entretenir la pâte dans une douce chaleur : on retire cette pâte étant encore liquide, on la roule sur une grande feuille de parchemin, et on la verse dans des moules de fer-blanc, dont la forme est arbitraire ; on laisse refroidir le chocolat dans les moules, il y durcit et acquiert une con-sistance ferme et solide. Préparé de cette manière, il s'appelle *chocolat de santé*.

Si l'on veut faire un chocolat d'un goût plus agréable et plus suave, on y mêle de la vanille, et quelquefois on y ajoute de la canelle et du girofle. Il existe à Paris plusieurs établissemens où l'on s'occupe spécialement à fabriquer du chocolat ; néanmoins, diverses sortes de marchands préparent cette pâte et la vendent en tablettes, et sous différentes formes ; de ce nombre sont les *confiseurs*, dont l'art consiste principalement à préparer et à mêler les substances simples qui doivent entrer dans les compositions dont le sucre et les végétaux forment la base, telles que les dragées, les pastilles, les pastillages, les tablettes, l'imitation des fleurs, les confitures, les caramels, les candis. Les *confiseurs* font aussi des élixirs, des liqueurs, des ratafias, des sirops, des vinaigres distillés et non distillés, des ouvrages au four, comme macarons, massepains, etc. Cet art, qui diversifie ses travaux à l'infini, exécute, à l'aide du sucre, tous les dessins et plans qu'on peut imaginer, et même des morceaux d'architecture considérables ; enfin, il com-prend tout ce qui est relatif aux manipulations du *limonadier*, du *parfumeur* et du *distillateur*.

L'art de la *distillation* fournit en particulier à plusieurs branches de commerce ; quelques-unes des opérations qu'il embrasse sont du ressort de la chimie, science trop élevée et trop étendue, pour que je vous en parle en ce moment ; je me bornerai donc à vous dire, mes enfans, que par le moyen de la *distillation*, on cherche à désunir et à séparer par le feu les parties spiritueuses et aromatiques d'un corps quelconque ; elles se condensent en vapeurs dans un vaisseau, et on les reçoit dans d'autres pour l'usage auquel on les destine.

C'est par le moyen de la distillation, qu'on tire diverses sortes d'eaux-de-vie, telles que les eaux-de-vie de vin, de bière, de cidre, de grains de différentes espèces, etc. ; mais la meilleure de toutes est celle qu'on fait avec le vin.

Les *confiseurs* composent diverses sortes de confitures, de pâtes et de conserves avec des fruits, des fleurs, des racines, des sucs, etc., préparés avec du sucre.

Les confitures se distinguent en *gelées*, *marmelades* ou confitures liquides et en confitures *sèches*.

Les *gelées* sont des préparations composées avec le suc de certains fruits, où l'on fait dissoudre du sucre, et que l'on fait bouillir; quand elles sont refroidies, elles prennent la consistance d'une colle : elles doivent être bien transparentes et bien claires. Il n'y a que les fruits un peu mucilagineux dont les sucs soient propres à faire les *gelées*, comme les *cerises*, les *groseilles*, l'*épine-vinette* les *framboises*, les *coings*, les *abricots*, le *verjus*, les *pommes*.

On appelle *marmelades*, des confitures à demi liquides, qui ont un peu plus de consistance que les gelées, et qui se font comme elles avec la pulpe de certains fruits ou de certaines fleurs, et le sucre cuit au degré convenable. On fait de la marmelade de violettes, de fleurs d'orangers, d'abricots, de prunes, de pêches, etc., etc.

Pour faire des *confitures sèches*, on cuit les fleurs ou fruits dans un sucre clarifié et cuit lui-même; ils sont ensuite égouttés et séchés à l'étuve, ou bien cuits au four; il y en a un très-grand nombre d'espèces.

Les *pâtes* sont une sorte de marmelade épaissie par l'ébullition, au point de garder toutes sortes de formes, quand après avoir été mises dans des moules, elles sont séchées dans une étuve.

Les *conserves*, espèce de confitures sèches, se font avec du sucre, et la pulpe de divers végétaux. Ces compositions ont été imaginées, ainsi que leur nom l'indique, pour conserver la propriété des substances qu'on y fait entrer; elles réunissent la bonté et la beauté; on en fait très-souvent usage pour la santé, et elles font l'ornement des desserts, ainsi que les *fruits confits* au sucre, préparés ainsi dans leur entier et qu'on renferme dans de petites boîtes.

Les *dragées* sont une espèce de petites confitures sèches faites avec de menus fruits, des graines, des morceaux d'écorces ou des racines odoriférantes et aromatiques, recouvertes d'un sucre formé de différentes couches, durci par le travail, et très-blanc, auquel on peut néanmoins donner à volonté diverses couleurs.

6

SEPTIÈME SOIRÉE.

Des Arts qui ont pour but le Vêtement de l'Homme, et des Matières premières qui entrent dans la Fabrication des parties les plus essentielles de l'Habillement.

Les arts qui ont pour but de nous procurer des vêtemens doivent être considérés, après l'agriculture, comme les plus utiles à la société, non-seulement à raison des charmes que leurs produits répandent sur notre existence, mais parce que les choses de première nécessité sont à la fois les objets les plus importans pour le commerce, et la source des richesses des nations.

Il n'est donc point à dédaigner, mes enfans, de remonter au principe d'où naissent ces différens arts, et d'acquérir quelques notions sur les travaux particuliers qui se rapportent à chacun d'eux. En jetant un coup-d'œil sur ces travaux, vous apprendrez à connaître les moyens ingénieux mis en pratique pour approprier aux usages et aux agrémens de la vie, diverses productions de la nature, qui, pour la plupart, ne semblaient offrir aucune analogie avec nos besoins. Quels trésors l'homme a su trouver dans la *toison de la brebis* et dans l'enveloppe du *ver-à-soie!* avec quelle étonnante sagacité il a pénétré, en quelque sorte, les secrets de la Providence, en découvrant les propriétés merveilleuses renfermées dans les tiges du *chanvre*, dans celles du *lin*, et dans le fruit du *cotonnier!* Que de talent il a apporté dans la préparation de la *peau* et du *poil* de certains animaux! Je vais vous donner successivement une idée de ces diverses substances, en les mettant sous vos yeux, depuis l'instant où elles sortent des mains de la nature, jusqu'à celui où nous les employons pour nous vêtir.

De la Laine; de la Fabrication du Drap, et de l'Art de le mettre en œuvre pour Vêtement.

La coutume de se couvrir d'habits est, pour ainsi dire, universelle : en effet, à l'exception des peuples sauvages,

LA
Laine & le Drap

N.1. Tonte des Moutons.

N.2. Lavoir.

N.4. Ourdissage des chanvres.

N.3. Filé à la Laine.

N.5. Tailleur.

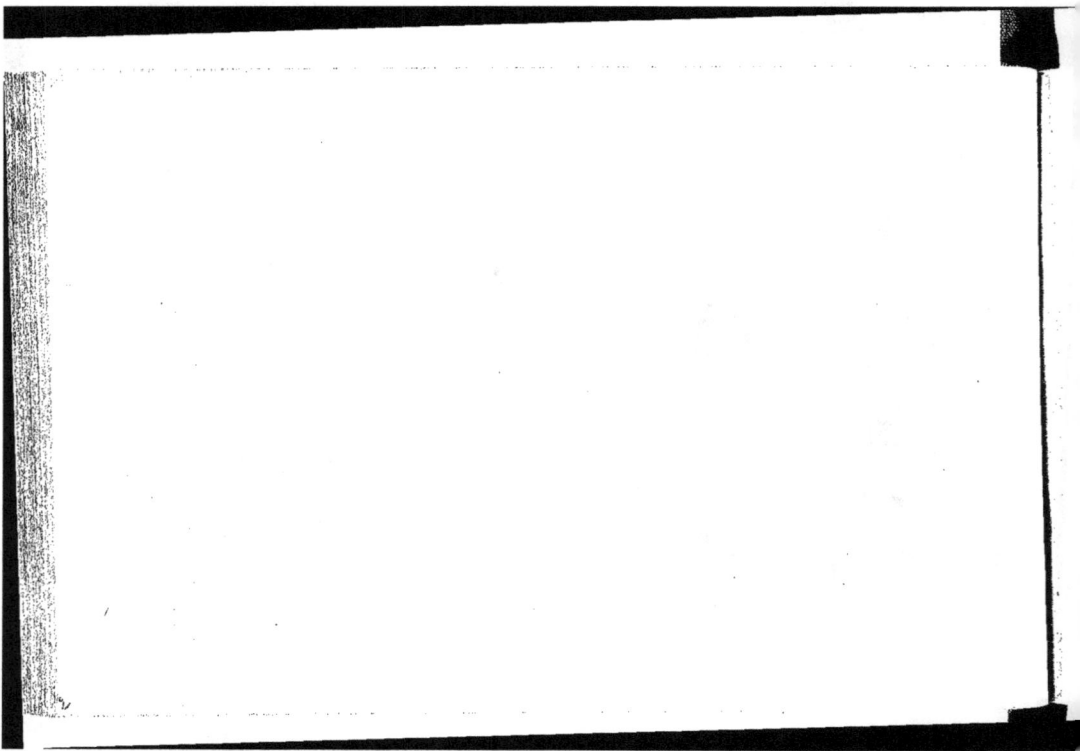

toutes les nations ont été, de temps immémorial, dans l'usage de se vêtir d'une manière plus ou moins élégante, selon que l'industrie, les mœurs et le luxe ont amené, parmi elles, plus de recherche dans la confection des habillemens.

La nécessité de se garantir de l'intempérie des saisons, la propreté, et surtout la pudeur, ont dû porter les premiers hommes à cacher leur nudité ; mais l'ignorance les réduisit long-temps à se servir des matières telles que la nature les offrait. Plusieurs nations se couvrirent d'écorces d'arbres, de feuilles, d'herbes, ou de joncs grossièrement entrelacés. La peau des animaux était aussi une des matières employées le plus généralement. Quelques peuplades sauvages nous présentent encore aujourd'hui un modèle de ces anciens usages. A mesure que les peuples se sont policés, on a cherché des vêtemens plus propres et plus commodes que ne l'étaient les feuilles, les écorces, et les peaux non préparées. Les peaux, en se séchant, se durcissaient et se rétrécissaient : on parvint, par différens apprêts, à les entretenir dans un état de souplesse qui les rendit susceptibles de prendre diverses formes ; on imagina ensuite de séparer le poil ou la laine de certains quadrupèdes, et l'on trouva le secret de réunir les différens brins par le moyen d'un fuseau, et d'en faire un fil continu.

De toutes les matières que nous retirons de la dépouille des animaux, la *laine* est la plus abondante et la plus usuelle ; elle joint à la solidité le ressort et la souplesse : elle sert à la confection d'une infinité d'ouvrages divers, soit au métier, soit à l'aiguille, et la nécessité dont elle est, la rend, pour plusieurs royaumes florissans, le principe de la prospérité de leurs manufactures et de leur commerce.

Les manufactures de laine sont les plus importantes pour l'homme policé ; aucune substance, ni l'or, ni l'argent, ni les pierreries, n'occupent autant de bras que la laine ; nous lui associons le duvet du castor, le ploc de l'autruche, le poil du chameau, celui de la chèvre, etc. ; mais quoique la plupart de ces poils soient très-lians, on ne peut les employer sans mélange que pour des étoffes qui ne vont point à la foule ; les matières qu'ils fournissent ne forment donc qu'une très-petite quantité de ce qu'on appelle *étoffes de laine.*

La toison de la brebis commune est seule l'objet du travail le plus étendu, et du négoce le plus considérable ;

6*

elle procure à l'homme un habillement léger, durable, et dont le tissu, varié suivant les saisons, le garantit ou du froid ou de la chaleur.

Parmi ces différens tissus, le drap est le plus propre à satisfaire le goût général et le besoin des nations ; il s'en fait de diverses couleurs et de qualités différentes : la finesse de cette étoffe résulte des laines qu'on y fait entrer.

On divise les *laines* en trois degrés : *laine prime*, *seconde* et *tierce* ; leur beauté dépend de l'espèce des moutons et du soin avec lequel est tenu le troupeau. Les toisons d'Espagne sont très-estimées, et nous étions obligés de tirer nos laines fines de ce pays avant que les mérinos eussent été naturalisés en France.

La laine, avant d'être employée, reçoit bien des façons et passe par bien des mains : après qu'elle a été tondue, il faut la laver, la trier, l'éplucher, la brosser, la carder ou la peigner suivant sa qualité ; enfin la mêler et la filer.

La laine, comme les fruits, a son point de maturité. Selon les climats, on tond les moutons deux ou trois fois l'année. En France, on ne fait communément qu'une tonte par an, en mai ou en juin. On tond les agneaux en juillet. Une tonte bien faite est une préparation à une pousse plus abondante ; après les avoir tondus, on a soin de laver les moutons, afin de donner à la nouvelle laine un essor plus facile.

Le *berger*, ou bien le journalier chargé de la tonte des moutons, choisit, pour faire cette opération, un beau jour, un temps très-doux ; alors il lie chaque bête par les quatre pieds, l'étend sur une grande nappe, et avec des ciseaux il coupe la toison près de la chair. La laine dont chaque mouton est couvert étant de diverses qualités, le berger a soin de mettre séparément les différentes espèces de laines que fournit chaque animal ; celle du cou et du dos est la meilleure ; celle qui recouvre les autres parties du corps est moins bonne. Il se fait ensuite un autre triage des laines ou jaunes ou altérées, qui sont mises au rebut pour être employées à des ouvrages grossiers ; la laine blanche, appelée *mère-laine*, est la plus estimée, parce qu'elle peut prendre à la teinture toutes sortes de couleurs.

La première préparation que les *laines* reçoivent a pour objet de les purger de leur *suint*, graisse onctueuse qu'elles rapportent de dessus la brebis : si l'on négligeait de prendre cette précaution, jamais on ne parviendrait à fabriquer un beau drap. Pour purger la *laine*, on la met d'abord dans des baquets ou cuves remplies d'eau chaude ; quand elle y est demeurée un temps suffisant pour fondre et détacher la graisse dont elle était imprégnée, on la fait égoutter ; placée ensuite dans de grandes corbeilles d'osier , on la plonge dans une eau courante pour y être *dégorgée*.

Quand la *laine* a été dégraissée et lavée, on l'expose dans des greniers sur des perches , afin qu'elle y sèche lentement à l'ombre, l'ardeur du soleil étant capable de la rendre rude et de mauvaise qualité.

La *laine* étant bien séchée, on la bat avec des baguettes sur des claies de bois ou de corde, pour en faire sortir les plus grosses ordures; après quoi elle est donnée à des *éplucheuses*, qui en ôtent soigneusement les impuretés dont les baguettes n'ont pu la dégager : ainsi préparée, elle passe entre les mains du *drousseur* ou *cardeur*, dont l'emploi est de la *graisser* d'huile et de la carder avec de grandes cardes de fer attachées sur un chevalet de bois en forme de talus. C'est du *cardage* que dépend la réussite parfaite des draps; si cette opération n'était pas bien faite, les laines ne pourraient être filées uniment.

Des mains du *drousseur* la laine est mise dans celles des *fileurs*, qui la cardent de nouveau sur les genoux avec de petites cardes fines et la filent au rouet, en observant de rendre le fil de la *chaîne* plus menu d'un tiers que celui de la *trame*, et de le tordre davantage. Ces mêmes ouvriers dévident le fil sur le dévidoir, et le disposent en écheveaux. Celui de la *trame* est ensuite dévidé une seconde fois sur des *espoulins*, petits tuyaux ou morceaux de roseaux taillés de manière à pouvoir entrer dans la poche de la *navette ;* le fil de la chaîne est donné aux *bobineuses*, qui en chargent des *rochets* ou *bobines*, afin de le préparer à être ourdi, opération qui consiste à disposer en long sur l'*ourdissoir* les fils de la chaîne des étoffes. L'*ourdissoir* est, pour l'ordinaire, une espèce de moulin haut de six pieds environ , et dont l'axe, posé perpendiculairement, a six grandes ailes sur lesquelles s'ourdit la laine ou la soie; il a généralement quatre aunes et demie de circonférence. Après que la chaîne a été ourdie , les *colleurs l'empèsent* avec de la colle composée, soit de râclure de parchemin, soit de rognures de gants, soit de peaux de chamois ou de lapins , dépouillées de leurs poils. Cette préparation, très-nécessaire, donne au fil la consistance dont il a besoin pour être travaillé en étoffe. Quand la chaîne est sèche , les *tisserands* la montent sur le métier; et sitôt que les fils y sont disposés , on place sur les deux bords de sa largeur un nombre déterminé de fils d'une matière ou d'une couleur différente de l'étoffe, pour servir à en caractériser l'espèce et la qualité; et lorsqu'il s'agit de commencer le drap , on fixe l'*espoulin* chargé de fil dans la *navette* , d'où ce fil s'échappe par une ouverture latérale. Arrêté sur la première lisière de la chaîne , il se prête et se dévide de dessus l'*espoulin* à mesure que la navette , lancée , court et s'échappe à son tour sur l'autre lisière ; et à l'aide des mouvemens que font en marchant les deux ouvriers placés l'un à droite , l'autre à gauche du métier , les fils de chaîne se haussent par moitié , puis s'abaissent tour à tour , tandis que les autres remontent , saisissent et embrassent chaque jet de fil de trame , de sorte que c'est proprement la chaîne qui est l'appui et la force du tissu , et la trame fait la fourniture , l'épaisseur et le caractère distinctif de l'étoffe.

Quand la chaîne est suffisamment remplie de trame , le drap est nommé drap en *toile*. Alors on le lève de dessus l'*ensoupleau*, espèce de rouleau sur lequel l'ouvrage s'enveloppe à mesure qu'il a été tissu , et des ouvrières appelées *épinseuses* ôtent, avec des *épincettes* , ou petites pinces de fer , les nœuds des fils , les pailles et ordures qui peuvent se trouver dans le drap.

Le drap , ainsi nettoyé de ses plus grosses imperfections , reste néanmoins surchargé de l'excédant de l'huile dont on s'est servi pour *graisser* la laine avant de la filer. On remédie à cet inconvénient par le *foulage*.

Le *foulage* de toutes les étoffes de laine se fait dans des moulins à eau construits à cet effet, et qui prennent le nom de *moulins à foulon*.

Pour fouler le drap, on le place dans des vaisseaux appelés *piles* , où l'on met en même temps de l'urine ou bien une espèce de terre glaise détrempée dans l'eau ; alors des *maillets* ou *pilons* , en tombant dessus , le frappent et le battent fortement ; ce qui , en le faisant dégorger et en le dégraissant, a encore l'avantage de le rendre plus serré , de lui donner plus de consistance , et d'ajouter au mérite du feutre la régularité du tissu. Cette opération terminée, le drap est visité une seconde fois avec soin par l'*épinseuse* , et retourne ensuite à la *foulerie*, où il est foulé avec de l'eau chaude, dans laquelle on a fait dissoudre du savon ; tout en exécutant cette manœuvre, on l'ôte de la pile de deux heures en deux heures pour le *lisser*, c'est-à-dire, le tirer par les lisières sur sa largeur , à l'effet d'effacer les plis causés par les maillets et d'empêcher qu'il ne se rétrécisse. Enfin , quand on le retire de la pile pour ne plus l'y remettre , on l'étend tout mouillé sur une perche pour le *lainer* ou garnir ; ce qui consiste à tirer le poil du côté de *l'endroit*, et à plusieurs reprises, avec le *chardon*, plante qui offre à chaque extrémité de ses feuilles un crochet très-aigu. Ce brossage se fait à poil et à contre-poil. Le *lainage* rend l'étoffe plus belle et plus chaude, et il enlève au drap tous les poils grossiers qui n'ont pu être foulés.

Au *lainage* succède la *tonte* du drap ; c'est aux *forces* ou ciseaux du *tondeur* à réparer les irrégularités qu'a laissées le chardon ; après les avoir passés sur toute la surface de l'étoffe, le tondeur la renvoie aux *laineurs* qui le chardonnent de nouveau, et successivement elle passe jusqu'à quatre ou cinq fois différentes des *chardons* aux *forces*, et des *forces* aux *chardons*, manœuvres auxquelles se joignent encore les tontures et les façons de *l'envers*. Le drap étant ainsi lissé, foulé, lainé et tondu , on le met à la teinture, si toutefois la laine n'a pas été teinte préalablement. Je consacrerai, mes enfans, une de nos soirées à vous entretenir sur l'art admirable de transporter les *couleurs* sur nos vêtemens.

Quand le drap a été teint et bien lavé dans l'eau, le tondeur le reprend, et tandis qu'il est encore tout mouillé, il en couche le poil avec la brosse sur la table à tondre ; il le met ensuite sur la *rame*, grand assemblage de bois aussi long et aussi large que les pièces de drap. L'effet de la *rame* est d'effacer les plis que l'étoffe peut avoir contractés dans les pots du foulon, de la tenir carrément et de l'amener sans effort à la longueur qu'elle doit avoir.

Lorsque le drap est entièrement sec, on le lève de dessus la *rame* pour le brosser encore et le *tuiler* sur la table à tondre, afin d'achever de lui coucher le poil ; cette opération se fait en appliquant le drap sur une planche de sapin qu'on nomme *tuile*. Cette planche est enduite, du côté qui touche l'étoffe, d'un mastic de résine , de grès pilé et de limaille passée au sas, afin que les parcelles et les résidus des tontures, qui altèrent la couleur par leur déplacement, s'attachent à ce mastic et déchargent d'autant la couleur dont l'œil, par ce moyen, devient plus beau. Au tuilage succèdent le *cati* à froid et le *cati à froid* ; pour le *cati à froid*, qui n'est proprement qu'un petit lustre qu'on donne au drap, on le plie carrément et on le met à froid sous une presse, en plaçant dans chaque pli de la pièce de drap un carton, et par-dessus le tout une planche en bois et carrée sur laquelle on fait descendre, par le moyen d'un levier, la vis de la presse avec autant de force qu'on le juge à propos, par rapport à l'espèce et la qualité du drap. Pour le *cati à chaud*, on substitue aux premiers cartons d'autres cartons plus fins ou des vélins, en y joignant des plaques de cuivre bien chaudes.

Quand le drap, remis à différentes fois sous la presse, en sort définitivement, on en retire les vélins, on l'*appointe*, c'est-à-dire qu'on y fait quelques points d'aiguille avec de la soie, du fil ou de la ficelle, pour le contenir dans la forme où il a été plié et l'empêcher de prendre de mauvais plis : alors il est en état d'être vendu et mis en œuvre. Le drap est propre à différens usages, mais sa véritable destination est d'être employé aux divers objets qui composent la garde-robe des hommes, tels qu'habit, manteau, redingotte, pantalon, etc. : la confection de ces effets est du ressort du *tailleur d'habits*.

La main d'œuvre du *tailleur* consiste principalement à tracer, tailler, assembler et coudre. Son talent est de faire des vêtemens qui, en enveloppant bien la forme du corps, n'en gênent point les mouvemens.

Le premier soin du tailleur est de prendre avec exactitude la mesure du corps de la personne qu'il doit habiller; il en marque toutes les proportions sur une bande de papier, en y faisant des entailles qui servent à le diriger, quand il se dispose à couper soit un habit, soit toute autre partie du vêtement qui lui a été commandé.

Pour *tailler* un habit, l'ouvrier étale sur une table, ou établi, le drap destiné à le faire; et comme, entre les diverses pièces qui composent un habit, il s'en trouve toujours deux absolument semblables, l'une pour le côté droit, l'autre pour le côté gauche, l'ouvrier met ordinairement l'étoffe en double pour *tailler* les deux morceaux à la fois : alors il applique sur l'étoffe la bande de papier ou *patron* de la pièce qu'il veut couper; et avec de gros ciseaux faits exprès pour cette profession, le *tailleur* coupe l'étoffe autour du patron, en observant de donner à chaque pièce l'ampleur nécessaire pour qu'étant jointes et cousues ensemble, elles forment un tout de la longueur et de la largeur prescrites par les règles de son art, et par le goût du jour.

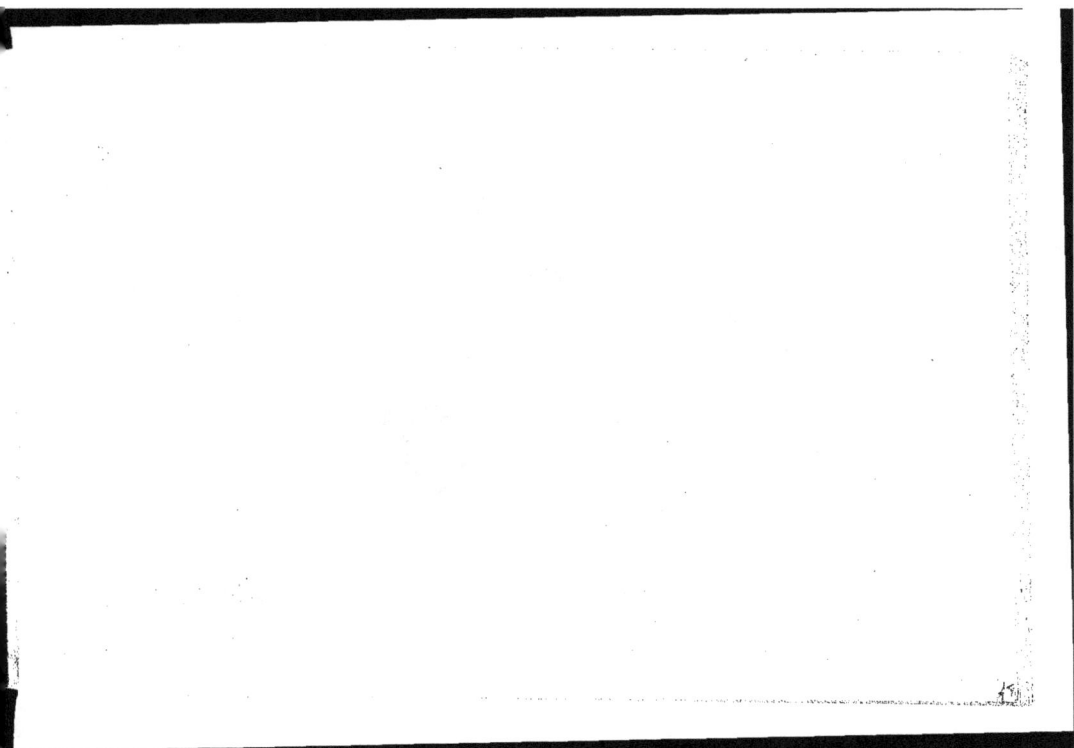

Le Chanvre
et
la Toile.

N° 1. Recolte du Chanvre.

N° 2. Ouvriers occupés à tiller la Filasse.

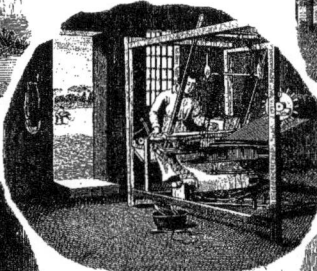

N° 4. Atelier du Tisserand.

HUITIÈME SOIRÉE.

Du Chanvre ; du Lin ; de la Culture de ces Plantes ; des Apprêts qu'elles reçoivent et de la Fabrication de la Toile.

Le *chanvre* et le *lin*, sont au nombre des végétaux sur lesquels l'adresse humaine s'est exercée avec le plus grand succès et la plus grande utilité ; la matière qu'on en retire, et l'ingénieux emploi qu'on en fait, ont rendu ces plantes précieuses, en les faisant paraître sous une forme toute différente de leur nature, pour contribuer à la propreté et à la salubrité du corps ainsi qu'à divers agrémens de la vie.

On retire du *chanvre* et du *lin*, des filamens qui, après avoir subi plusieurs préparations, donnent la *filasse ;* cette filasse sert à faire du fil ; avec ce fil on fabrique la *toile*, qui, vous le savez, mes enfans, est d'un usage journalier et indispensable, car vous ne pourriez vous passer de chemises, de mouchoirs ni de draps.

Le *chanvre* et le *lin*, outre qu'ils fournissent le *linge*, procurent encore une infinité d'autres objets très-nécessaires aux usages de la vie ; mais je ne vous parlerai de la culture et de l'emploi de ces plantes, que sous le rapport de la fabrication de la *toile*.

Le *chanvre* croît à peu près partout ; on le cultive en beaucoup de pays ; néanmoins, un terrain gras et humide est celui qui lui convient le mieux ; il réussit très-bien dans les pays froids ainsi que dans les climats tempérés, mais il ne se plaît pas dans les pays chauds. Le sol de la France lui est favorable ; les provinces de ce royaume qui en produisent le plus sont la Basse-Normandie, la Bretagne, la Picardie, la Champagne, le Dauphiné, le Lyonnais, le Poitou, l'Anjou, le Maine, le Nivernais, le Gatinais et l'Auvergne.

Il y a deux espèces de *chanvre* : l'une porte des fleurs à étamines, l'autre porte une graine que vous connaissez, mes enfans, sous le nom de *chenevis*, et avec laquelle on nourrit toutes sortes d'oiseaux. On sème le chanvre chaque année,

7

dans le courant d'avril ; lorsque, vers le mois de juillet, on aperçoit que les pieds de *chanvre* qui portent les fleurs à étamines, commencent à devenir jaunes par le bout, et blancs vers les racines, on les arrache brin à brin ; on ne saurait, sans préjudice, les laisser plus long-temps en terre. Les pieds qui portent les graines ne s'arrachent qu'un mois après, ou même plus tard, afin de donner à la graine le temps de mûrir. Ces derniers étant restés plus long-temps en terre, ont reçu plus de nourriture, et le fil qu'ils fournissent est plus fort ; les premiers donnent des fils plus fins et plus estimés pour faire de la *toile*.

Le *chanvre* arraché, on l'entasse en bottes, après en avoir d'abord coupé la tête et les racines ; on met ces bottes dans une marre exposée au soleil ; ensuite on les charge de pierres, pour qu'elles plongent entièrement dans l'eau.

L'effet de cette opération, qu'on appelle le *roui*, est de dissoudre une substance gommeuse qui unit les fils de l'écorce, ce qui donne plus de facilité pour les détacher.

Lorsque le *chanvre* a été suffisamment *roui*, on le lave, et, après l'avoir fait sécher au soleil ou au *séchoir*, on l'écrase sous une machine très-simple, faite exprès, et qu'on nomme *macque* ou *brisoir :* par le jeu de cette machine, toute la *chenevotte*, qui est la partie ligneuse du chanvre, s'en va par éclats, et il ne reste à la main de l'ouvrier que la *filasse*, c'est-à-dire les fils de chanvre détachés de toute la longueur de la tige.

La *filasse*, quoiqu'ainsi préparée, contient encore beaucoup de parties étrangères dont il est essentiel de la débarrasser ; on la bat alors avec une palette de bois, ou bien on la fait passer sous un grand rouleau fort pesant, qui est mis en mouvement par le moyen d'une roue à eau qui tourne sur une table ronde avec une grande rapidité. Ces différentes opérations terminées, on passe le *chanvre* successivement sur des espèces de peignes de fer, appelés *sérans*, les premiers à dents plus grosses et plus écartées, les autres à dents plus fines. Par cette manœuvre, on enlève les fils épais et grossiers : ce rebut est ce qu'on appelle l'*étoupe ;* elle s'emploie pour faire les mèches d'artillerie et même de grosses toiles d'emballage ; le *chanvre*, après ce travail, a de la douceur, de la finesse, de la blancheur, néanmoins il lui faut encore des préparations qui sont aussi l'ouvrage du *séranceur*.

Le *séranceur* le met en état d'être filé, soit au fuseau, soit au rouet, par le moyen de ses outils, propres à préparer toutes les plantes dont les tiges sont filamenteuses.

Le chanvre ayant reçu ces différens apprêts, est mis en cordon, s'il est destiné pour faire de la *toile*.

On regarde comme le meilleur *chanvre* celui qui est fin, moelleux, souple, doux et difficile à rompre.

Le *lin* est une plante dont les fleurs sont bleues, ayant chacune cinq feuilles rangées en manière d'œillet ; à ces fleurs succède un fruit presque rond, de la grosseur d'un petit pois, et qui renferme des graines oblongues ; ces graines ont diverses propriétés utiles.

Les façons qu'on donne au *lin* pour la culture, les apprêts qu'il reçoit pour être réduit en *filasse*, étant à peu près semblables à ce qui se pratique pour le *chanvre*, je vais, mes enfans, passer à la manière de mettre en œuvre la *filasse*.

Vous savez que je vous ai présenté le *chanvre*, prêt à être *filé*, travail qui consiste à tordre la *filasse*, pour en former un petit corps rond, continu, flexible, appelé *fil*. Cette opération se fait, soit au *rouet*, soit au *fuseau*, à l'aide d'une *quenouille*.

L'*art de filer*, qui remonte à la plus haute antiquité, est un titre de gloire pour les femmes, auxquelles presque tous les peuples reconnaissent devoir cette heureuse invention, ainsi que celle de tisser et de coudre les étoffes.

Quoique très-simple sous le rapport de la main d'œuvre et du mécanisme des instrumens qu'on y emploie, l'*art de filer* doit être cependant regardé comme un art merveilleux, en le considérant dans ses résultats ; ils sont d'une si grande importance, que je ne puis m'empêcher de fixer un instant votre attention sur les avantages qu'il procure.

Non-seulement les filamens de diverses plantes sont susceptibles d'être filés, mais la laine et la soie, avant d'être employées, sont en général soumises à ce travail ; les fils de chacune de ces matières, façonnés au rouet ou au fuseau, forment, par leur assemblage, tous les tissus imaginables, depuis la corde et la sangle grossières, jusqu'au drap le plus fin et la mousseline la plus transparente. C'est donc à l'*art de filer* que nous devons les étoffes qui servent à nous habiller et à nous meubler ; c'est lui qui nous procure les attaches, sans lesquelles

7.*

nous ne pourrions rien assembler ; cet art nous fournit des liens pour retenir en esclavage les animaux terrestres ; nous lui devons ces filets au moyen desquels les habitans de l'onde tombent en notre puissance ; c'est encore à cet art que l'oiseleur doit ces tissus déliés qui lui livrent sans défense l'habitant des airs ; enfin , c'est par le secours de l'*art de filer*, que le vaisseau, garni de ses voiles, transporte le navigateur d'un hémisphère à l'autre , pour y trafiquer des productions des deux mondes.

Le *filage*, base de plusieurs arts mécaniques, fait subsister , en France, un nombre considérable de personnes du peuple ; les provinces qui cultivent le *chanvre* et le *lin* occupent surtout une grande quantité de femmes de tout âge.

Passons à présent, mes enfans , à la fabrication de la *toile*.

On ignore à qui l'on en doit l'invention. Quelques écrivains ont avancé que l'idée en était venue par l'observation du travail de l'araignée, qui tire de sa propre substance des filets presque imperceptibles, dont elle forme avec ses pattes cet admirable tissu appelé vulgairement *toile d'araignée*. On a présumé aussi que les premiers hommes avaient pu trouver un modèle des tissus à chaîne et à trame en examinant l'écorce de certains arbres dont les fibres , arrangées l'une sur l'autre et croisées à angles droits, offrent une grande ressemblance avec le tissu de la *toile*.

Quelle que soit l'origine de cette découverte utile, elle remonte aux siècles les plus reculés, et il est certain qu'on faisait usage de la *toile*, même avant l'époque où vivait Abraham.

Le fil de *lin* ou de *chanvre*, livré au *tisserand*, il en fabrique de la toile sur un métier à deux marches (1) et par le moyen de la navette , petit instrument de buis en forme de navire.

Je n'entrerai point , mes enfans , dans le détail de la main-d'œuvre du *tisserand*, parce qu'elle diffère peu de la manière dont le *tisserand-drapier* fait le tissu de drap.

Il y a diverses sortes de *toiles* : on les distingue généralement par les noms des lieux où elles sont fabriquées.

La plus grande partie des toiles de *lin* ou de *chanvre* qui se consomment en France proviennent des fabriques du royaume ; cependant nous en tirons de la Hollande , où il s'en fait de très-belles.

_____

(1) La *marche* est une triagle de bois que le tisserand a sous les pieds , et qui sert à baisser et à hausser alternativement les fils de la *chaîne*.

Les principales qualités que doit avoir la *toile* sont d'être bien tissue , et d'être également frappée sur le métier ; il faut qu'elle soit faite toute de fil de *lin* ou toute de fil de *chanvre* , sans aucun mélange , ni dans la chaîne ni dans la trame , et que la chaîne soit composée d'un certain nombre de fils , selon la largeur , la finesse et la qualité.

Avant que les toiles puissent être livrées en vente , elles sont soumises à diverses préparations. La plus importante de toutes est leur *blanchíment ;* c'est de là que dépend non-seulement leur blancheur , mais leur force.

L'art de blanchir les toiles , qu'il ne faut pas confondre , mes enfans , avec celui de la blanchisseuse de linge , consiste à faire perdre aux toiles la couleur jaune , sale ou grise qu'elles ont au sortir des mains du tisserand. Cette opération se fait dans un lieu appelé *blanchisserie.*

On présume qu'on a découvert de bonne heure , dans les climats chauds , que le soleil et la rosée , ou les fréquens arrosemens , pouvaient blanchir la toile. Cette méthode , la plus ancienne que l'on connaisse , est encore suivie en beaucoup d'endroits ; il y en a deux autres assez généralement usitées , la hollandaise et l'irlandaise.

Les habiles blanchisseurs suivent la première méthode quand ils ont des toiles fines à blanchir ; mais pour les toiles grossières , ils ont recours à la seconde , ou bien à un procédé qui en diffère peu.

L'un et l'autre de ces procédés consiste principalement , 1º. à faire passer , à différentes reprises , la *toile* dans plusieurs lessives composées de matières susceptibles de fermenter , et qui mettent la toile elle-même dans un état de fermentation qui tend à en détacher la matière colorante ;

2º. A étendre la toile sur l'herbe dans l'intervalle de chaque lessive ; à l'y laisser alors exposée à l'air et au soleil , en ayant soin de l'arroser souvent pendant le cours de la journée , pour l'empêcher de sécher. On fait ainsi passer la toile de la lessive à la prairie , et de la prairie à la lessive , depuis dix jusqu'à seize fois et même davantage ; à la suite de ces opérations on applique la toile aux acides , dont l'effet est de travailler sur la matière colorante et de la détruire.

Dès que toutes ces façons ont été données , on passe les toiles au *premier bleu* , c'est-à-dire dans une eau où l'on a fait délayer quelque peu d'amidon avec de l'émail ou azur de Hollande, dont le plus gras et le plus pâle est le meilleur, parce qu'il ne faut pas donner aux toiles un bleu trop apparent.

Le blanchiment des toiles étant terminé par cette dernière opération, on les fait sécher, et l'on a soin de les bien plier pour effacer tous les faux plis qu'elles ont contractés dans les précédentes manipulations ; on les remet ensuite aux propriétaires, qui quelquefois leur font donner un apprêt dans lequel il entre principalement de l'amidon.

La toile donne lieu dans son principe à une des branches les plus importantes de l'industrie agricole, et devient, dans plusieurs de nos provinces, le soutien de la main-d'œuvre. Fabriquée, elle est l'objet d'un trafic immense. Des marchands en gros l'achètent d'abord chez le fabricant, ou dans les foires et marchés, pour la vendre par pièces aux *lingères*, qui la débitent en détail, soit par aunage, soit mise en œuvre. Son emploi pour les usages de la vie est encore la source d'un autre genre d'industrie, moins lucratif, il est vrai, mais qui néanmoins, dans les villes considérables, procure un moyen d'existence à un grand nombre de femmes, qui confectionnent du *linge* de *corps*, du *linge* de *table*, et en général tout le *linge* nécessaire dans le ménage.

NEUVIÈME SOIRÉE.

Du Cotonnier ; du Coton ; et de l'Emploi de cette matière pour le vêtement de l'Homme.

Après vous avoir montré, mes enfans, les ressources que nous offrent le *chanvre* et le *lin*, particulièrement en ce qui concerne notre vêtement, je vais vous faire connaître une autre plante non moins précieuse sous le même rapport. La nature, qui l'a refusée à nos climats, l'a répandue abondamment dans les Indes Orientales, et dans le Nouveau Monde.

Cette plante est celle qui nous fournit le *coton*, matière avec laquelle on fabrique ces belles mousselines qui nous viennent des Indes.

Le Coton et son emploi.

N.º 1. Récolte du Coton.

N.º 2. Nègres occupés à mettre le coton en balles.

N.º 3. Cardage du Coton.

N.º 4. Filature du Coton.

Il y a plusieurs espèces de cotonniers, dont les unes s'élèvent en arbres; une autre espèce herbacée, est connue sous le nom de *cotonnier commun*.

Le *cotonnier* en arbre croît jusqu'à la hauteur de huit à dix pieds; ses feuilles sont divisées en trois, et posées alternativement; il porte une fleur jaune, en forme de cloche, et fendue jusqu'à la base, en cinq ou six parties; à ces fleurs succède un fruit de la grosseur d'une noix, et divisé en plusieurs cellules, qui contiennent un duvet en flocons, ou une filasse d'une grande blancheur; plusieurs graines noires, de la grosseur d'un pois, sont attachées à ce duvet, qu'on nomme *coton*. Ce fruit s'ouvre de lui-même, lorsqu'il est mûr, et si l'on n'en faisait pas la récolte à propos, le *coton* se disperserait, et serait totalement perdu.

Dans les diverses espèces de *cotonnier*, on en peut distinguer trois, qui diffèrent par la beauté et par la finesse du *coton* qu'ils produisent; il en croît à la Martinique (1) une espèce qui porte un flocon très-dur, ce qui l'a fait nommer *coton de pierre ;* c'est celle qui fournit le plus beau coton; des deux autres espèces, l'une nous donne le coton le plus commun, dont on fait des matelas et des toiles ordinaires, et l'autre un coton blanc et fin, dont on fabrique des étoffes très-déliées.

On cultive aussi aux îles *Antilles* une quatrième espèce de cotonnier qui donne un *coton* de belle couleur chamois, dont on fait des bas d'une extrême finesse.

Le *cotonnier* vient de graine : on le sème comme le blé; au bout de six mois il est en rapport. Chaque année on obtient de cet arbre deux récoltes, une d'été, l'autre d'hiver. Les nègres, après avoir cueilli le coton, l'exposent au soleil, où il reste pendant deux ou trois jours; alors ils séparent la bourre de la coque au moyen du moulin, composé de deux cylindres cannelés qui tournent en sens contraire. Une négresse présente avec ses mains le coton aux cylindres, qui le saisissant l'entraînent, tandis que la graine tombe du côté de l'ouvrière.

Cette opération terminée, on met le coton dans de grands sacs de toile forte, longs d'environ trois aunes. Après

_____

(1) Ile de l'Amérique faisant partie des îles *Antilles*.

avoir mouillé les sacs, on les suspend en l'air avec quatre cordes ; un nègre entre dedans, et y foule le coton avec ses pieds et avec une pince de fer. Quand le coton a été suffisamment foulé, ou coud le sac avec de la ficelle, et l'on pratique aux quatre coins des poignées pour le remuer facilement. Un sac ainsi préparé s'appelle *balle de coton;* il en contient plus ou moins, selon qu'il est plus ou moins serré : le poids en est ordinairement de 3oo ou 32o livres. Elles parviennent en cet état dans nos manufactures. L'Asie, l'Afrique, l'Amérique, particulièrement les îles Antilles produisent beaucoup de *coton*, une grande partie de celui qui passe en Europe vient des Etats-Unis.

Ainsi que le chanvre et le lin, il faut séparer le coton des pellicules qu'il contient, et le filer pour en tirer avantage. Ces diverses opérations ont pendant long-temps été faites à la main, mais depuis que ce genre d'industrie a été naturalisé en Europe, il a fait des progrès immenses, et maintenant les différentes préparations auxquelles on soumet le coton et son filage se font à l'aide de machines ; ce qui, en diminuant considérablement la main-d'œuvre, a rendu les étoffes qu'on fabrique avec ce fil d'un usage général.

Le coton en balle, tel qu'il nous arrive, contient beaucoup d'impuretés. Pour le nettoyer, on l'étend sur des claies, ou le bat avec des baguettes mises en mouvement soit par une *machine à vapeur*, soit par un *manége*. Cette même machine fait tourner une grande roue, qui, par le vent qu'elle produit, enlève le coton, et le sépare ainsi des matières impures qu'il contenait ; il retombe alors dans une autre chambre, où il est recueilli. Pour qu'on puisse le carder il est roulé en nappes sur un rouleau couvert de toile.

Ces nappes de coton sont portées à la *carde en gros*, cylindre dont la surface est hérissée d'une infinité de petites pointes de fil de fer, un peu recourbées en crochet, et très-serrées les unes contre les autres ; à mesure que le cylindre-cardeur tourne, le coton se démêle, et commence à s'alonger.

Mais comme ce premier cardage ne suffit pas, le coton est de nouveau remis en nappes pour passer à la *carde en fin*, qui ne diffère de celle en gros que par la finesse et le rapprochement des pointes dont elle est formée. A la suite de cette opération, le coton passe à travers deux cylindres qui se touchent, et portent une rainure : il en sort en gros fil qu'on appelle *boudin ;* ces boudins sont légèrement étirés et tordus au moyen d'une mécanique qu'on appelle *lanterne.*

Le coton qu'on obtient dans cette dernière manipulation n'étant pas encore assez fin pour être employé dans les arts, il faut qu'il soit filé au *métier en gros* et au *métier en fin,* qui sont tous deux à peu près semblables. Ces métiers consistent en une grande roue mue par une manivelle ; elle fait avancer une espèce de chariot, qui porte une infinité de bobines, sur lesquelles le coton s'enroule à mesure qu'il s'alonge et qu'il se tord. On le dévide de dessus les bobines, et on le met en écheveaux, forme sous laquelle il est livré au commerce. Les écheveaux ayant toujours la même longueur, varient de poids suivant le degré de finesse du fil.

On mêle quelquefois ensemble plusieurs qualités de coton ; cette opération se fait lorsque le fil est encore en flocons. Les Indiens ne connaissent point ces mélanges. La diversité des espèces que la nature leur fournit, les met à portée de satisfaire à toutes les fantaisies de l'art.

Le fil de coton ne s'emploie facilement qu'autant qu'il est bien filé, et qu'on ne l'a pas fatigué par trop de manipulation ; aussi les Indiens, pour ménager la délicatesse du coton, ourdissent-ils leur toile avec le fuseau sur lequel il a été filé.

Le *coton* est le végétal que l'on travaille avec le plus d'art. Sous combien de formes diverses et presque contraires le génie industriel ne nous l'offre-t-il pas, pour servir aux besoins et aux agrémens de la vie. Quelle différence, mes enfans, des couvertures de toile de coton à du velours de coton, de la futaine à du basin, et de ces belles mousselines si légères et si transparentes, à des tapisseries ! On fabrique aussi beaucoup d'étoffes où il se trouve tissu avec la soie, le fil et d'autres matières.

On peut en outre considérer le coton comme une des principales bases du négoce des *bonnetiers,* qui font fabriquer ou fabriquent eux-mêmes, avec le *coton filé,* une grande quantité de tissus de mailles, au tricot et sur le métier, tels que bas, chaussons, camisolles, caleçons, bonnets, et autres objets qui servent à notre habillement.

Les *bas de coton,* particulièrement, sont d'un usage presque général, parce qu'à raison des prix plus ou moins

8

élevés auxquels le fabricant peut établir cette sorte de marchandise, elle se trouve à la portée des personnes de toutes les classes.

On fait des *bas de coton* qui égalent en beauté les bas de soie; l'art est parvenu même à les façonner suivant le caprice de la mode, et l'on en voit qui réunissent à la finesse de la matière, la solidité, l'élégance du dessin, et la richesse des broderies.

Les *bas* sont une des parties de notre vêtement dont il nous serait le plus difficile de nous passer; en préservant le pied et la jambe du froid, ils sont encore très-utiles sous le rapport de la propreté.

Les bas, tels que nous les portons aujourd'hui, mes enfans, ne sont point d'un usage très-ancien parmi nous; on ne se servait autrefois en France que de bas ou *chausses*, soit de drap, soit d'étoffe de laine drapée; mais depuis que l'on s'est attaché à faire des *bas au tricot à l'aiguille*, et que l'on a trouvé le moyen d'en fabriquer sur le métier avec la soie, le fleuret, la laine, le poil, le chanvre, le lin ou le coton filé, on a renoncé aux bas d'étoffe.

Les bas soit au tricot, soit au métier, sont des espèces de tissus formés d'un nombre infini de petits nœuds, ou espèce de bouclettes entrelacées les unes dans les autres, que l'on appelle *mailles*.

Les *bas au tricot* se font avec de longues et menues aiguilles, qui, en se croisant les unes sur les autres, entrelacent les fils, et forment les mailles dont les bas sont composés.

Le travail de la maille, quoique fort simple, est regardé comme une fort belle invention. On ne sait pas précisément à qui on la doit: cependant on en fait honneur aux Écossais, parce que les premiers ouvrages au tricot qu'on ait vus en France venaient d'Écosse.

Les bas au métier se fabriquent par le moyen d'une machine de fer poli très-ingénieuse; cette machine, des plus compliquées, est une des plus remarquables que nous ayons; la diversité et la multiplicité des parties qui la composent, en rendent la description impossible, et même en la voyant, ce n'est qu'avec difficulté qu'on en

De la Soie
ET DE
son emploi

N.º 1. Dévidage des Cocons.

N.º 2. Filage de la Soie.

N.º 3. Ourdissage.

comprend le jeu, à raison des mouvemens extraordinaires et précipités de ses nombreux ressorts, qui forment à la fois des centaines de mailles.

Les Anglais se vantent d'en être les inventeurs; mais c'est en vain qu'ils en veulent ravir la gloire à la France : il est certain qu'un Français, qui l'avait imaginée, trouvant des obstacles à obtenir un privilége exclusif, qu'il demandait pour s'établir à Paris, passa en Angleterre, où cette production merveilleuse causa tant d'admiration, qu'elle lui valut de magnifiques récompenses. Jaloux de cette nouvelle découverte, les Anglais, pendant long-temps défendirent, sous peine de mort, de transporter hors de leur île aucune machine à fabriquer des bas. Inutiles défenses ! un Français sut reconquérir à sa patrie ce chef-d'œuvre créé par un de ses concitoyens. A l'aide d'un effort prodigieux de mémoire et d'imagination, il exécuta à Paris, au retour d'un voyage à Londres, un métier à bas, d'après lequel ont été faits tous ceux qui sont en France, en Hollande, et presque partout ailleurs.

La première manufacture de *bas au métier*, qu'on ait vue en France, fut établie en 1656, sous la direction du sieur *Jean Hindret*, dans le château de Madrid, au bois de Boulogne, près Paris.

Ce premier établissement ayant obtenu un grand succès, le sieur Hindret forma, deux ans après, une compagnie, qui, sous la protection du Roi, porta la manufacture de bas au métier à un très-haut degré de perfection. Aujourd'hui cette branche d'industrie s'est tellement accrue qu'elle occupe, dans différentes villes de la France, un nombre considérable d'ouvriers, principalement à Paris, à Lyon et à Nîmes.

DIXIÈME SOIRÉE.

De la Soie ; de l'Art de la préparer ; de l'Art de fabriquer les Etoffes de Soie et de l'Emploi de ces Etoffes pour Vêtement.

L a soie est une matière précieuse pour les arts et pour le commerce; elle a des beautés particulières et des avantages réels sur la laine, pour des ouvrages de plusieurs genres; on en fabrique une quantité innombrable

8 *

d'étoffes de luxe, tant pour vêtement que pour ameublement, et une infinité d'objets d'utilité, de goût et de fantaisie; elle paraît sous mille formes différentes dans la toilette des femmes : on lui doit les dentelles noires, le crêpe, la gaze, les blondes, les tulles, les rubans dont les modistes ornent les parures les plus élégantes.

La *soie* est originairement un fil mou, fin, délicat et léger, que nous procure l'industrieux travail d'une espèce de chenille, appelée *ver à soie*.

Parmi les phénomènes de la nature, le *ver à soie* nous en présente un des plus extraordinaires, non-seulement sous le rapport de l'art admirable avec lequel il construit sa riche enveloppe, mais à raison de toutes les métamorphoses par lesquelles il passe successivement. D'un petit œuf, à peu près gros comme la tête d'une épingle, qui est son premier état, il devient un petit ver blanchâtre et tirant un peu sur le jaune; ensuite, il s'enferme lui-même dans une coque formée de *soie*, de la figure d'un œuf de pigeon, et se change en une espèce de *fève*, appelée *chrysalide;* il reste dans cet état, sans aucun signe de vie et de mouvement, jusqu'à ce qu'il sorte de cette léthargie, pour devenir papillon; se faisant alors un passage à travers sa coque, il s'élance dans les airs, jouit quelques instans de la vie, et meurt, après avoir pondu des œufs qui servent à la multiplication de son espèce.

Les *vers à soie* sont originaires de la Chine : dans cette contrée, ainsi que dans les pays chauds, ils déposent leurs œufs sur des mûriers dont les feuilles sont leur seule nourriture. Là, ces insectes naissent et vivent en liberté; ils filent sur ces arbres leurs *cocons* qui paraissent comme des pommes d'or au milieu du beau vert qui en relève les vives couleurs.

Dans les pays dont le climat ne leur est pas aussi favorable, on élève les *vers à soie* dans une chambre où il est nécessaire de maintenir une température toujours égale; il faut leur fournir en abondance des feuilles de mûrier qui soient exemptes d'humidité, les renouveler souvent, faire régner une grande propreté dans le lieu qu'habitent ces insectes, et, lorsqu'ils s'apprêtent à filer, mettre à leur portée des brins de bruyères disposés en arcades, où ils se retirent pour construire leurs cocons.

Par sa conformation, le *ver à soie* a deux réservoirs de matière soyeuse qui lui servent à filer sa coque;

lorsqu'il veut la commencer , il porte sa tête de droite à gauche pour attacher son fil de tous côtés : ce travail , informe en apparence, n'est pas sans objet; ces premiers fils lui servent de rempart contre la pluie ; car la nature l'ayant destiné à travailler en plein air , il ne change point de méthode lorsqu'il se trouve à couvert. Cette soie gros- sière, appelée l'*araignée* ou *bourette* , est la base de son enveloppe. Le *ver* continue de filer plus fin, portant la tête en bas, puis en haut, ensuite vers les côtés et en tous sens , ce qui forme plusieurs zigzags , au moyen desquels il se trouve presqu'entièrement environné de soie; il finit sa loge en tirant de l'intérieur de son corps une gomme dont il fabrique un fil d'une qualité plus commune, qu'il épaissit avec une forte glu , servant à lier et à coller les uns sur les autres les rangs de ce fil ; voilà trois enveloppes différentes qui le garantissent par degrés des injures du temps : la *bourre* contient et écarte les gouttes de pluie ; la belle et *fine soie* empêche le passage de l'air , et la *soie collée* forme une couche épaisse , qui, en couvrant le *ver* lui-même, le préserve du froid. En sept à huit jours ce travail est perfectionné.

Les anciens ne connaissaient ni l'usage de la soie , ni la manière de la travailler. *Pamphilié*, habitante de l'île de Cos , inventa, dit-on, l'art de façonner la soie. Cette découverte ne tarda pas à passer chez les Romains , mais ils restèrent long-temps sans en savoir tirer avantage. Les étoffes de soie furent si rares chez eux pendant plusieurs siècles, qu'on les vendait au poids de l'or; et l'on rapporte que l'empereur Aurélien refusa à l'impératrice une robe de soie qu'elle lui demandait avec instance , en lui objectant qu'elle coûterait un prix trop élevé.

En 555 , deux moines , venant des Indes à Constantinople, apportèrent avec eux un grand nombre de *vers à soie*, avec les instructions nécessaires pour en faire éclore les œufs , élever et nourrir les vers, en tirer la soie, la filer et la travailler. Ces instructions donnèrent naissance à l'établissement de plusieurs manufactures à Athènes , à Thèbes et à Corinthe.

En 1130, Roger , roi de Sicile, ayant pillé Athènes et Corinthe, embarqua pour Palerme et pour la Calabre plu- sieurs ouvriers en soie, qui l'aidèrent à y établir des manufactures. L'Italie et l'Espagne profitèrent de l'industrie des

Calabrois; dans la suite les Français les imitèrent. C'est à Louis XI qu'on dut les premiers essais pour naturaliser, en France, ce genre d'entreprise : néanmoins l'usage des ouvrages de *soie* était encore si rare, même à la cour du temps de Henri II, que ce prince fut le premier qui porta des bas faits de cette matière. Henri IV voulant encourager cette branche de commerce, établit des pépinières de mûriers dans son royaume, et assigna des fonds à leur entretien.

Les troubles domestiques et les guerres, qui agitèrent le règne de Louis XIII, ne permirent pas à ce prince de s'occuper de cet objet important; mais sous Louis XIV, on s'appliqua à la plantation des *mûriers blancs*, à l'éducation des *vers à soie*, ainsi qu'à l'art de filer, de mouliner et d'apprêter les soies; cependant ce ne fut que sous le règne de Louis XV que les connaissances acquises jusqu'alors se perfectionnèrent, et que la *soierie*, en général, devint l'objet d'une des branches les plus fécondes de notre commerce.

Pour profiter de l'industrie du *ver à soie*, il est indispensable de le faire mourir, sans quoi, en devenant papillon, il percerait son enveloppe, et tous les brins qui la composent se trouveraient rompus.

On emploie plusieurs moyens pour étouffer les chrysalides : on y parvient en passant les cocons au four, en les exposant à l'ardeur du soleil, ou à la vapeur de l'eau bouillante; il s'agit ensuite de *tirer* la soie de dessus les cocons; mais auparavant, on examine leur tissu, et on les divise en plusieurs classes. L'inspection des cocons indique assez sûrement la beauté de la soie; mais on ne peut juger de sa bonne qualité, qu'en la soumettant à diverses épreuves; ce n'est enfin que par la filature qu'on tire un parti plus ou moins avantageux de cette matière précieuse : aussi l'art de filer la soie est-il aujourd'hui l'objet d'une attention particulière dans l'économie politique de toutes les nations qui cultivent les *vers à soie*. Les connaissances qu'on peut acquérir en ce genre sont d'autant plus intéressantes, que la bonté de la *soie* dépend, en général, d'une infinité de détails que cet art embrasse, et qui sont subordonnés les uns aux autres.

On peut distinguer sur le *cocon* deux sortes de soies, la *longue* et le *fleuret* : la longue soie que l'on en tire, n'a besoin ni d'être peignée, ni d'être filée à la quenouille, il suffit d'en assembler les fils, et de les doubler sur le dévidoir, au nombre de huit, de douze ou de quatorze ensemble, selon le caractère ou la force que l'on veut donner à l'étoffe.

On voit des coques de différentes couleurs : les plus ordinaires sont jaunes, orangées, isabelles, ou couleur de chair. Il y en a aussi quelques-unes qui sont vert de mer, d'autres couleur de soufre, et d'autres blanches ; mais il n'est pas utile de séparer ces couleurs, car elles se perdent toutes dans les apprêts nécessaires à la soie.

Les différentes préparations à donner à cette substance, pour qu'elle soit propre à être employée dans les manufactures, sont de la filer, de la dévider, de la passer au moulin, de la blanchir et de la teindre.

Plus les cocons sont frais, plus on les file avec avantage, parce qu'ils se dévident plus facilement jusqu'au dernier brin, et que la soie en est toujours plus nette et plus lustrée.

Lorsque la soie a été dévidée de dessus les cocons, il reste des peaux soyeuses nommées *strasses*, et dans lesquelles sont enveloppées les chrysalides ; on les retire en battant ces peaux qu'on lave ensuite ; et quand elles ont été séchées, on les fait assez ordinairement carder et filer au petit rouet, afin de les employer à fabriquer une sorte de ruban que l'on nomme communément *padoue*. Elles servent aussi à tramer les étoffes pour meubles, ou les tapisseries, dont la chaîne est de filoselle.

Le *fleuret* ou *filoselle* est cette soie irrégulière que l'on voit distribuée, comme à l'aventure, autour des longs fils qui forment le corps des cocons. On déchire ce fleuret en le cardant pour le rendre maniable et propre à être filé; on y joint les *soies* de rebut, les bouts cassés, tous les résidus des longues soies dont on ne peut plus retrouver le fil sur les cocons, et enfin cette soie naturellement collée qui compose la coque dont la chrysalide est immédiatement couverte. Cette dernière ne peut entrer dans la masse du fleuret, ni passer par la carde, sans avoir été débarrassée à l'eau de la gomme dont le *ver* avait épaissi son enveloppe. Toutes ces soies, que la carde confond et met en état d'être filées, n'ont pas, à beaucoup près, le lustre de l'autre fil que la nature seule a préparé; mais cette inégalité même donne lieu à des diversités utiles, et proportionne les ouvrages aux facultés des acheteurs.

On donne à la soie une dénomination particulière, suivant l'état où elle est. On nomme *soie grege* ou *grèse*, celle qui a été tirée simplement du cocon, et qui n'a souffert aucun apprêt; on appelle *soie crue* celle que l'on tire de la coque sans feu ni coction : telle est la belle *soie* qu'on nous envoie du Levant par la Méditerranée, et celle qui nous vient des Indes par l'Océan. On donne aussi communément le nom de *soie crue* à celle qu'on tire en Europe des cocons de rebut et qui, ne pouvant être dévidée, ni filée uniment, doit passer par les cardes pour devenir propre à la quenouille. Comme on a nommé *soies crues* celles qui n'ont point passé au feu, on appelle *soies cuites* celles qu'on a fait bouillir pour en faciliter le filage ou le dévidage. On en fabrique ces beaux ouvrages de rubannerie et les plus riches étoffes, tels que velours, satins, damas, taffetas, etc. Il y a aussi une sorte de *soie cuite*, qu'on appelle *décrusée ;* c'est celle qu'on a passée à l'eau de savon; ce qui, en lui enlevant certaine quantité de parties gommeuses étrangères à la substance du fil, en rend le travail plus aisé.

On appelle *soie torse* et *retorse* celle qui, après avoir été dévidée et filée, a de plus passé au moulin pour y être torse. La *soie plate* est celle qui, n'ayant point subi cette dernière opération, est préparée pour faire de la tapisserie ou d'autres ouvrages à l'aiguille. On distingue, sous le nom de *soies en botte*, celles qui ont été mises en paquets carrés et longs par les plieurs. Les *soies de bourre* sont les moindres de toutes les soies; ce sont celles dont on fait la filoselle avec laquelle on fabrique les bourres de Marseille, petites étoffes moirées dont la chaîne est toute de soie, et la trame de bourre de soie.

Fabrication des Etoffes.

On fabrique à Lyon et dans plusieurs autres villes de la France, une immense quantité d'*étoffes de soie* de diverses qualités ; chaque année il paraît des nouveautés dans le genre, le goût et la façon des étoffes. Cette variété, qui résulte de combinaisons diverses, inventées par les fabricans, empêche l'étranger de rivaliser avec nos manufactures. La différence apportée continuellement dans la main-d'œuvre, la complication des opérations jointe à la multiplicité des pièces qui entrent dans la construction des métiers, rendent la théorie de ce travail extrêmement difficile à saisir : je ne vous le présenterai donc, mes enfans, que sous quelques rapports généraux.

Toutes les étoffes de nos manufactures en soie peuvent se diviser en *étoffes façonnées* et en *étoffes unies*.

On appelle *étoffes façonnées* celles qui ont une figure dans le fond, soit dessin à fleur, soit carrelée, etc.

On appelle *étoffes unies* celles qui n'ont aucune figure dans le fond.

Pour travailler les soies en étoffes, il est indispensable de les mettre en couleur ou de leur donner la nuance de blanc qu'on veut qu'elles aient. Ceci est du ressort du teinturier : quand je vous entretiendrai de l'*art de la teinture*, je réunirai en un seul article la *teinture en laine*, la *teinture en fil* et coton et la *teinture en soie*.

Lorsque le fabricant s'est procuré des soies teintes, il les fait *ourdir*, opération qui, ainsi que je vous l'ai dit en vous parlant de la fabrication du drap, consiste à disposer les fils pour former la chaîne de l'étoffe. Il entre dans l'*ourdissage* des étoffes de soie deux machines principales, la *cantre* et l'*ourdissoir* : vous pourrez, mes enfans, concevoir une idée de cette opération en jetant les yeux sur la gravure qui la représente. La chaîne *ourdie*, on monte le métier; ensuite on fabrique.

Toutes les étoffes en général, façonnées ou unies, quelles que soient leurs dénominations, leurs genres ou leurs espèces, ne sont travaillées que de deux façons : en *satin* ou en *taffetas*. On appelle étoffes *travaillées en satin* celles dont la *marche* (1) ne fait lever que la huitième ou la cinquième partie de la chaîne pour faire le corps de l'étoffe.

Toutes les étoffes travaillées en satin, soit à huit *lisses* pour lever la huitième partie, soit à cinq *lisses* pour lever la cinquième, doivent être composées de soixante-quinze portées (2), chacune de quatre-vingts fils, et jusqu'à cent portées, mais plus ordinairement de quatre-vingt-dix.

---

(1) Liteau de bois qui fait partie du métier, et qui sert à faire mouvoir les *lisses* : les lisses sont un assemblage de fils disposés sur des tringles de bois, qui embrassent les fils de la chaîne, et les font lever et baisser à volonté.

(2) *Portée* signifie un certain nombre de fils qui font partie de la chaîne de l'étoffe.

On appelle étoffes travaillées en *taffetas* celles dont la marche fait lever la moitié de la chaîne, et alternativement l'autre moitié, pour faire également le corps de l'étoffe.

Toutes les *étoffes* travaillées en taffetas doivent être composées depuis quarante portées simples jusqu'à cent soixante, à proportion de leur largeur ; le nombre des portées que doit avoir chaque étoffe est fixé par des réglemens du lieu où elle se fabrique, suivant sa largeur, son espèce, sa qualité.

Outre les chaînes qui font le corps des étoffes, on y ajoute encore d'autres petites chaînes appelées *poils ;* ces poils sont destinés à lier la dorure dans les étoffes riches, à faire la figure dans d'autres étoffes, tels que les carrelés, cannelés, doubles fonds, etc., et dans les velours unis ou ciselés, à faire le *velouté* dont cette étoffe est garnie. Il y a beaucoup d'étoffes façonnées qui n'ont pas de poil, tant de celles qui sont brochées en dorure que de celles qui sont brochées en soie, ce qui dépend de la richesse de l'étoffe ou de la volonté du fabricant.

Pour les étoffes façonnées, il faut incorporer dans les cordes du métier le dessin qu'on veut faire exécuter, afin que l'ouvrier l'ait toujours sous les yeux.

Les *étoffes de soie*, source de richesses annuelles pour plusieurs provinces de la France, sont aussi l'objet d'un commerce considérable au sein de la capitale, où les grands et les personnes opulentes en décorent leurs appartemens. L'emploi des étoffes à meubles est l'ouvrage du *tapissier ;* mais celles destinées aux vêtemens des femmes passent ordinairement par les mains de la *couturière*, qui coupe, assemble et coud les différentes pièces qui composent une *robe*. La toilette des Françaises étant toujours subordonnée à la *mode*, divinité capricieuse qui impose à chaque instant de nouvelles lois, l'art d'habiller les femmes devient une étude journalière pour les *couturières*, qui ne sauraient acquérir de réputation parmi les esclaves de la mode, si elles n'introduisaient de la variété dans la forme et dans les accessoires des vêtemens, qu'elles se plaisent à orner de tout ce que le bon goût et le luxe peuvent imaginer de plus galant.

Les *marchandes de modes* de Paris, dont le talent consiste particulièrement à procurer aux élégantes de la capitale des coiffures qui ajoutent à la beauté, emploient aussi dans leurs ouvrages des *étoffes de soie*. Le velours, le

Travail DES Peaux

N.º 1. Un ouvrier met le cuir en rivière. Un autre le travaille.

N.º 2. Mise des cuirs dans le plain.

N.º 3. Mise des Cuirs en fosse.

satin , le gros de Naples , la moire , se drapent sous leurs doigts en plis ondoyans; elles y mêlent avec art le crêpe , la gaze, les blondes , les rubans , les fleurs , les plumes , et leurs magasins offrent en général un assortiment de toques , de chapeaux, de bonnets du genre le plus exquis.

ONZIÈME SOIRÉE.

Des Peaux d'Animaux ; des différens Apprêts qu'on leur donne , et de l'Emploi des Cuirs pour Chaussure.

JE vous ai dit , mes enfans , que chez les peuples civilisés, les étoffes avaient remplacé les vêtemens de peaux d'animaux ; celles-ci ne sont pourtant point restées inutiles : l'industrie de l'homme a perfectionné et prolongé leur service par différens apprêts qui en rendent quelques-unes plus belles , quelques autres inaccessibles à l'eau , et qui, en général, servent à les assouplir toutes, et à les pénétrer d'une substance onctueuse , afin que l'eau n'y trouve point d'entrée et que la sécheresse ne puisse ni les recoquiller ni les racornir.

La préparation des peaux exigeant des manœuvres différentes , selon l'emploi auquel on les destine , ces manœuvres s'exécutent par plusieurs sortes d'ouvriers ; les uns apprêtent les peaux en *poil ;* les autres travaillent les peaux qui ne peuvent être mises en œuvre sans être déchargées de leur poil.

Les premiers sont les *pelletiers-fourreurs ;* leur art consiste à préparer des fourrures avec des peaux délicates , dont le poil fait le principal mérite et la première beauté , telles que les peaux de la marte , de la zibeline , de l'hermine , du petit gris , du renard , etc.

Ces fourrures , plus ou moins précieuses , suivant l'espèce de l'animal auquel elles appartiennent , entrent ordinairement comme accessoires dans l'ajustement d'hiver de l'un et de l'autre sexe , sous quelque forme que la mode ou l'usage les présentent ; elles ont l'avantage de garantir des rigueurs de la saison. Dans les pays du nord , elles peuvent être à la fois un vêtement de nécessité absolue et de luxe.

9*

Les ouvriers dont la profession est d'apprêter les peaux qui doivent être dégagées de leur poil, sont distribués en différentes classes ; elles se composent des *tanneurs* , des *corroyeurs* , des *mégissiers* , des *chamoiseurs* , des *peaussiers* , des *maroquiniers* : les peaux qui passent par les mains de ces différentes sortes d'ouvriers reçoivent certaines préparations préliminaires qui leur sont communes à toutes, et d'autres préparations particulières, suivant leur qualité et l'emploi qu'on doit en faire ; mais , en général , elles sont préalablement *épilées* , *travaillées de rivière*, *plainées* , mises en *retraite*, *égouttées* , *écharnées* , *dressées* , *étirées*.

Vous prendrez une idée de ces diverses manœuvres, lorsque je vous parlerai , mes enfans, de l'art du *tanneur* , qui les embrasse toutes ; je m'étendrai particulièrement sur cet art et sur celui du *corroyeur* , parce qu'ils ont l'un et l'autre pour objet principal les apprêts des *cuirs* destinés à notre chaussure, partie du vêtement qu'on peut regarder comme de première nécessité. Avant d'entrer en matière sur ce point , je vais passer légèrement en revue les quatre autres classes d'ouvriers que je viens de vous nommer.

Le *mégissier* travaille principalement pour le service du bourrelier et du gantier ; son art consiste à passer toutes sortes de peaux en blanc , depuis le cuir du bœuf, jusqu'à celles de l'agneau. Les mégissiers donnent en outre la première préparation au *parchemin* et au *vélin* , qui sont ensuite perfectionnés par le *parcheminier*. Le parchemin est formé d'une peau de mouton travaillée à la chaux ; on l'emploie diversement, comme à écrire et à relier des livres. Le *vélin* est fait avec la peau de veau ; il sert pour écrire des livres d'église et pour dessiner des plans ; on peint dessus en mignature ; on y imprime aussi des images.

Le *chamoiseur* passe les peaux en huile ; par son industrie, elles deviennent plus douces, plus moelleuses , et plus propres à nos usages ; on en fait principalement des gants. Cet ouvrier apprête, non-seulement la peau du chamois, qui est très-belle et très-chaude , quand elle a été imbibée d'huile , mais il cherche encore à imiter cette peau, en donnant les mêmes façons à celle du bouc, de la chèvre, du chevreau, du mouton , etc.

Le *peaussier* , donne de nouvelles préparations aux peaux, qui sortent des mains du *chamoiseur* et des *mégissiers* , et il les teint en diverses couleurs, pour en confectionner des ouvrages qu'il vend tant en gros qu'en détail. Le *ma-*

roquinier fabrique les *maroquins* , nom qu'on fait dériver ordinairement de Maroc, en Afrique, d'où l'on croit que l'on a emprunté la manière de les fabriquer. Les maroquins sont des peaux de chèvre, ou de bouc travaillées , et passées en sumac , ou en galle , et qu'on a mises ensuite soit en noir , soit en rouge, soit en quelque autre couleur. Ces mêmes ouvriers travaillent aussi les peaux de veau et de mouton, de façon à imiter le *maroquin*, et comme celui-ci, on les emploie particulièrement pour couvrir des meubles , tels que bureaux , secrétaires, chaises, fauteuils, etc.

Les peaux que l'on met en œuvre pour chaussure , sont : les peaux de bœuf, de vache, de veau , de cheval, de chèvre et de mouton.

Les peaux de bœufs étant destinées à faire les semelles des souliers et des bottes, il est nécessaire qu'elles acquièrent plus de consistance que les autres peaux ; en conséquence on les travaille en *cuir fort* : je vais vous apprendre en quoi consistent les préparations qu'elles reçoivent, préparations d'où leur bonté et leur solidité dépendent entièrement.

Comme on peut rarement travailler les peaux aussitôt qu'elles ont été enlevées de dessus l'animal, on a soin de les préserver de la corruption, par le moyen du sel marin et de l'alun , ou avec du natron , qui est une soude tirée d'Egypte ; en cet état, on les appelle *cuirs salés*.

Les cuirs de bœufs parvenus *salés*, ou *non salés* entre les mains du *tanneur* , sont jetés dans une eau courante, après qu'on en a d'abord ôté les cornes , les oreilles et la queue ; plus les peaux sont sèches, plus elles doivent rester long-temps dans l'eau ; mais on les en retire chaque jour pour les *craminer* , c'est-à-dire , pour les étirer sur un *chevalet*(1), jusqu'à ce qu'elles soient ramollies.

La seconde opération que le *tanneur* fait sur les peaux, est de les mettre dans le *plain*, cuve de bois mastiquée en terre, qu'on a remplie d'eau , et dans laquelle on a délayé de la chaux vive pour disposer le poil à tomber au moindre effort. Au bout de huit jours, on retire les peaux du plain, on les dispose en piles sur le bord de la cuve , pour

(1) Le *chevalet* est une pièce de bois arrondie et inclinée.

les faire égoutter , ce qu'on appelle *mettre en retraite.* De huitaine en huitaine, on les met alternativement dans le *plain* et en *retraite*, pendant l'espace de deux mois; elles sont ensuite placées sur le chevalet, pour être *épilées*, ce qui consiste à en arracher le poil avec un couteau rond , qui ne coupe ni du talon, ni du milieu; ou bien avec une pierre à aiguiser. Après que les peaux ont été épilées et rincées, elles portent le nom de *cuirs en tripe.*

Les *cuirs en tripe*, sont de nouveau *plainés*; et consécutivement mis *en retraite*, pendant une année entière , en passant par trois plains différens. Les peaux restant alors chargées de chair et de chaux, pour les en dégager , il faut les *écharner*, et les *récouler;* à cet effet, on étend les cuirs sur le chevalet, et avec un couteau coupant, on enlève la chair à plusieurs reprises, en ayant soin de les rincer chaque fois dans une eau courante. Pour les *récouler*, on exprime, avec un couteau rond , toute la chaux dont ils se trouvaient imprégnés.

Les cuirs, ainsi préparés, sont couchés en *fosse* avec le *tan*, qui, étant styptique et astringent leur donne de la solidité.

Le *tan*, qui est la principale matière dont se servent nos tanneurs, et qui a donné son nom à l'art de la *tannerie*, est l'écorce du jeune chêne, réduite en poudre par le moyen du *moulin à tan ;* ce moulin ne diffère point, pour la construction, des moulins ordinaires. Les *fosses* sont des trous pratiqués en terre, et revêtus de bois ou de maçonnerie , de forme carrée ou ronde.

Avant de coucher les cuirs en fosse, on les saupoudre de *tan*, et on les met en pile pendant trois ou quatre heures pour qu'ils commencent à prendre le feu de cette écorce ; ensuite on garnit le fond de la fosse d'un bon demi-pied de tannée (écorce qui a déjà servi) sur laquelle on étend un lit d'écorce neuve, bien moulue et un peu humectée; on place dessus des cuirs qu'on recouvre d'une couche de *tan*, et ainsi de suite , de manière que le cuir soit toujours entre deux lits de *tan*. Lorsque la fosse est suffisamment remplie, on y met un ou deux pieds de tannée que l'on foule avec les pieds, après quoi l'on y place des planches que l'on charge de pierres, afin de mieux appliquer l'écorce sur les cuirs; pour exciter la fermentation du tan, on entretient une humidité continuelle dans la fosse, en y versant de l'eau de temps à autre. Les cuirs étant restés trois mois dans cette *première poudre* ou *première écorce*, on les retire de la fosse, on renouvelle le tan, opération que l'on réitère jusqu'à quatre, cinq et six fois, suivant le degré de force qu'on veut donner aux cuirs.

La *tannée*, ou vieille poudre de tan qu'on retire des fosses, sert à faire des *mottes à brûler;* le motteur, nu-pieds, presse cette matière dans un moule de cuivre, et la frappe pour la durcir; on met ensuite les mottes au séchoir.

L'opération du tannage se termine assez ordinairement dans le cours d'une année. Au sortir de la fosse, les cuirs sont étendus sur des perches, dans un grenier percé de plusieurs fenêtres, mais à l'abri du soleil et du grand air; lorsqu'ils commencent à devenir roides, on les *dresse*, en les étendant sur un terrain, où, après les avoir frottés avec du tan sec, on les frappe avec la plante du pied, pour en aplanir les inégalités; on les fait sécher de nouveau sur des perches, puis on les met en presse pendant vingt-quatre heures; s'il s'en trouve qui soient ou mous, ou crispés, ou froncés, on les *maille*, ce qui consiste à les battre avec une mailloche, sur un billot de bois bien uni. A la suite de tous ces apprêts, les cuirs se mettent dans un lieu frais, où l'on a soin de les changer souvent de situation pendant le cours de trois semaines, afin qu'ils se conservent bien secs.

Les cuirs de chevaux, les peaux de veaux, de chèvres et celles de moutons, qu'on appelle *basannes*, se travaillent de la même façon, à quelques modifications près, mais on y emploie moins de temps et moins de matière.

La plupart des cuirs pour chaussures, en sortant des mains du tanneur, passent dans celles du *corroyeur;* le principal objet de celui-ci est d'amollir et d'assouplir les peaux de *vache* et de *veau* qui doivent servir à faire les quartiers, les empeignes de *souliers*, etc.

Quand le corroyeur reçoit la *peau tannée*, il commence 1°. par l'humecter à plusieurs reprises; 2°. il la plie de la tête à la queue, travail qui s'appelle *refoulement*, et qui se réitère en tous sens; 3°. il déploie la peau pour qu'elle soit *écharnée* et *drayée*, manœuvres au moyen desquelles on lui enlève tout ce qui peut y rester de chair après le travail de la tannerie; 4°. la peau est exposée à l'air; 5°. quand elle est à moitié sèche, on l'humecte et on la *refoule* sur la claie à plusieurs reprises ; 6°. après l'avoir laissée sécher entièrement , on lui donne un dernier *refoulement* à sec ; 7°. on étend la peau sur un établi , et l'on passe dessus en long , en large et en tout sens , un instrument de bois garni de dentelures , et qu'on appelle *pommelle.*

Quand elle a été tirée à la *pommelle* , on *la met en suif* ; pour cet effet , on l'expose , à plusieurs reprises , au-dessus d'un feu de paille , afin d'ouvrir ses pores , et de la disposer à boire le liquide dont on veut l'imbiber ; alors on passe sur toutes ses parties une espèce de houppe faite de morceaux d'étoffe de laine qu'on a trempée dans du suif très-chaud ; on la plonge ensuite dans un tonneau d'eau froide où elle demeure pendant douze heures ; on l'ôte de ce bain pour la refouler et en faire sortir toute l'eau ; à la suite de cette opération , on passe la pommelle sur toute la surface de la peau , tant d'un côté que de l'autre , puis on l'essuie fortement ; enfin pour l'unir et pour l'étendre , on conduit à force de bras , sur toute la peau , un instrument de fer qu'on nomme *étire.*

Les peaux étant corroyées , on peut avoir besoin de leur donner une certaine blancheur , ou de les noircir : pour les blanchir , on les frotte avec des mottes de craie et de céruse , ensuite on les passe à la pierre de ponce.

Le noir est composé de noix de galle et de ferraille qu'on fait chauffer dans la bière aigre. On donne le noir à la peau , en la frottant de fleur (c'est-à-dire du côté où était le poil) , à plusieurs reprises , avec une brosse impré-gnée de teinture. Après ce premier noir , on en donne un second appelé *noir de soie*, qui est composé de noix de galle , de couperose et de gomme arabique.

Le noir n'est pas la seule couleur que les corroyeurs donnent aux peaux ; ils en fabriquent en jaune , en rouge , en vert , etc.

Vous voyez , mes enfans , que la chaussure , cette partie de notre vêtement qui vous semblait peut-être peu digne d'attention , nécessite une main d'œuvre considérable , avant que la matière dont elle se compose soit en état d'être employée par le *cordonnier.* Ne remarquez-vous pas combien il a fallu que l'industrie fît de rapides progrès , pour parvenir au degré de perfectionnement où est arrivé l'art de préparer les *cuirs* , art au moyen duquel vos *souliers* et vos *bottes* peuvent résister aux pluies , aux neiges et aux autres injures du temps , et préserver votre pied de ces mêmes inconvéniens. Si l'on s'en rapporte à d'anciens mémoires de la Chine, Tchin-Sang, un des premiers empereurs de cet état, fut aussi le premier qui apprit à ses sujets l'art de préparer les peaux et d'en ôter le poil, au moyen de rouleaux de bois. Les sauvages, avant de se servir des peaux, les font macérer dans l'eau, ensuite ils les roulent et les assouplissent à force de les manier et de les frotter avec de la graisse, et pour qu'elles soient moins spongieuses et à l'épreuve de toute humidité, ils les exposent quelque temps à la fumée. Dans les pays où l'art du *corroyeur* n'est pas connu, il est diverses manières de préparer les cuirs, et de les rendre propres aux différens usages auxquels on veut les employer.

Le cuir apprêté paraît, en général, avoir été la matière la plus ordinairement employée pour la *chaussure*, chez les nations anciennes, spécialement parmi les Grecs et les Romains. Les Egyptiens ont porté des chaussures de papyrus, les Espagnols de genet tissu, les Indiens, les Chinois et d'autres peuples en ont eu de jonc, de soie, de lin, de bois, d'écorce d'arbre, de fer, d'airain, d'or et d'argent, quelquefois même le luxe les a couvertes de pierreries.

Quant à leur forme, elle a varié à raison du génie et des mœurs des nations ; et la mode y a introduit, suivant le siècle, divers changemens.

Le *soulier* romain était noir, il ne ressemblait pas au nôtre, il s'élevait jusqu'à mi-jambe, en prenait juste toutes les parties ; il était ouvert devant depuis le coude-pied et fermait avec une espèce de lacet ; les dames romaines portaient des chaussures de deux sortes, les unes, blanches, allaient aussi jusqu'à mi-jambe ; les autres consistaient en une simple pièce de bois ou de cuir qu'on plaçait sur le pied et qu'on attachait par des bandelettes de toile ou d'étoffe passées et repassées sous le pied, entre les doigts et autour de la jambe ; il nous en reste plusieurs exemples dans les monumens de peinture et de sculpture que les curieux ont conservés.

Les anciens Germains et les Goths avaient une chaussure de *cuir fort*, qui allait jusqu'à la cheville du pied, les personnes d'un rang distingué la portaient de peau ; ils étaient aussi dans l'usage d'en faire de jonc ou d'écorce d'arbre. Presque tous les Orientaux portent des *babouches*, ou *chaussures* semblables à nos pantoufles, presque tous les Européens sont en *souliers*, en *bottes* ou en *bottines*.

10

Le soulier d'homme est composé d'une ou de plusieurs semelles de *cuir fort*, d'un *talon* de cuir ou de bois, de *l'empeigne*, qui est la partie qui couvre le dessus du pied, du *quartier*, qui couvre le talon lorsqu'on est chaussé, et des oreilles si le soulier est destiné à recevoir des boucles; autrement il est noué avec des rubans de fil ou de soie.

Les souliers des femmes diffèrent de ceux des hommes en ce que les secondes semelles sont de cuir moins fort, que les empeignes et les quartiers sont taillés différemment, et que, souvent, on emploie pour leur chaussure, des peaux de couleur ou des étoffes de coton, de laine ou de soie.

Les bottes se font de *cuir fort*; le *bottier* confectionne et vend des bottes de différentes sortes; telles que *bottes fortes*, *bottes molles*, *bottes à la hussarde*, *bottes à l'anglaise*, etc.

La *botte forte* sert pour monter à cheval; elle est faite d'une *genouillère*, d'une *tige* aussi large en haut, près du genou, qu'en bas près du cou-de-pied, et d'un soulier armé d'un éperon qui tient à la tige.

Les *bottes molles* se font de veau ou de peau de chèvre, elles font plusieurs plis au-dessus du coude-pied.

Les bottes à *la hussarde et à l'anglaise* sont molles, et n'ont point de genouillère.

DOUZIÈME SOIRÉE.

Du Poil de plusieurs Animaux et de leur Emploi pour la Fabrique des Chapeaux.

JE vous ai indiqué en grande partie, mes enfans, les avantages que l'homme a su tirer de la peau des animaux, voyons maintenant comment il a mis à profit les filets déliés qui servent de couverture à certains quadrupèdes.

Ces filets, que l'on nomme *poils*, s'emploient en diverses espèces de manufactures, et sont en France, en Angleterre, en Hollande et ailleurs, l'objet d'un commerce et d'une consommation prodigieuse; je ne vous en parlerai cependant que sous le rapport de la fabrication des chapeaux, *l'art du chapelier* étant particulièrement l'objet sur lequel je me propose de vous donner, en ce moment, quelques instructions.

Fabrication
DES
Chapeaux.

N.1. Habitation des Castors.

N. 2. Préparation préliminaire.

N. 3. Atelier de la Foule.

Couture des Chapeaux.

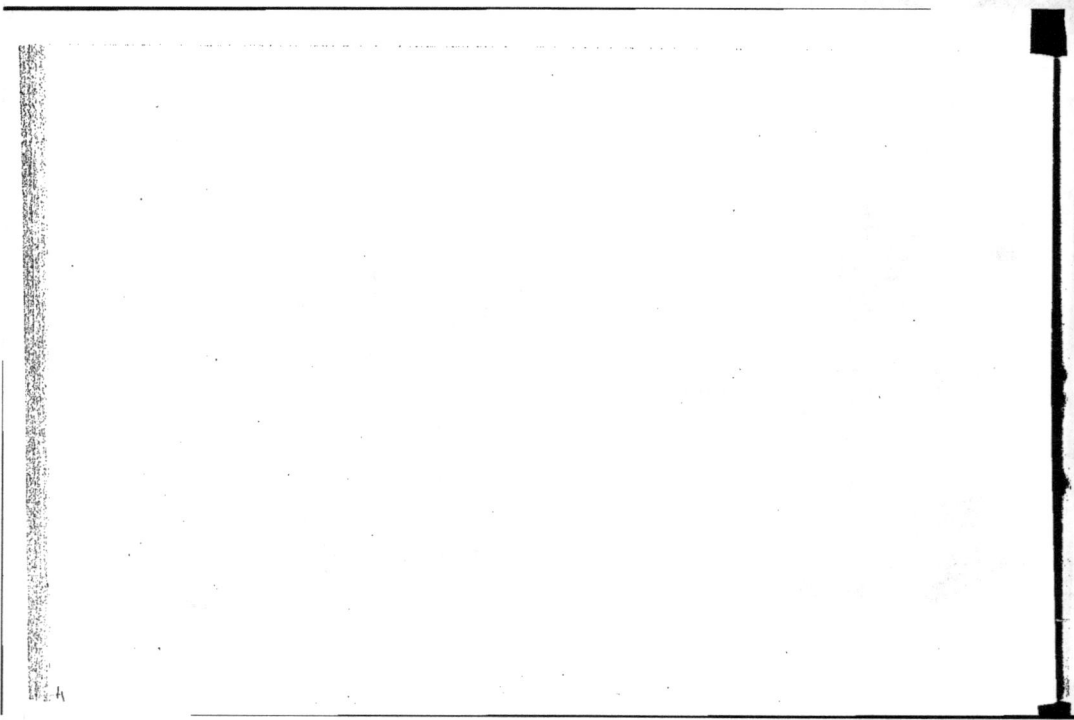

L'usage des *chapeaux* n'est pas très-ancien parmi nous ; le *chaperon* et le *capuchon* furent , pendant long-temps , les seuls vêtemens de tête connus des Français ; en rabaissant les angles du capuchon, on obtint le *bonnet*, dont l'origine paraît remonter à l'époque où régnait Charles V. Aux premiers bonnets , qui étaient ronds et de couleur jaune , le clergé et les gens de robe substituèrent les *bonnets carrés ;* en 1449 , Charles VII , ayant fait son entrée publique dans la ville de Rouen , la tête couverte d'un *chapeau* , cette coiffure ne tarda pas à être adoptée presque généralement en France.

Pour faire les *chapeaux* , on se sert de poil de *castor* , de lièvre , de lapin, et quelquefois de poil de chameau et de chiens barbets ; on y emploie aussi de la laine de vigogne qui nous vient d'Espagne, et assez communément la laine des agneaux et des jeunes moutons.

Le castor nous vient du Canada , en peaux ; il nous en vient aussi de Moscovie. Le castor est un animal qui nous présente tant d'industrie, qu'en sa faveur je me permettrai , mes enfans , une digression qui , je l'espère , ne sera pas sans intérêt pour vous.

Doux , paisible , industrieux , le castor se bâtit , sur les eaux , des habitations , qui nécessitent de longs travaux ; ses dents incisives , ses pattes très-fortes , sa queue écailleuse et large , sont les instrumens qu'il emploie à ces constructions.

Les castors aiment à vivre en société avec leurs semblables ; mais ils fuient l'homme par instinct : c'est principalement dans les déserts de l'Amérique septentrionale , qu'on peut observer leurs mœurs ; on les voit ordinairement , dans ces contrées , se rassembler vers le mois de juillet par troupes de deux ou trois cents, pour fonder , sur le bord des lacs , des étangs , ou des rivières , un établissement public, composé de vingt à vingt-cinq habitations , destinées chacune à recevoir soit deux , quatre , six , et quelquefois jusqu'à vingt castors ; ces maisonnettes , bâties dans l'eau sur pilotis sont, non-seulement très-solides , mais aussi très-propres et très-commodes. Leur plancher est jonché de fleurs, des rameaux de buis et de sapin y remplacent nos tapis ; une ouverture percée

10 *

sur l'eau , sert de balcon , où les castors vont chercher le frais , et prendre le bain. Près de chaque maisonnette est placé un magasin que ces animaux remplissent d'écorce d'arbres et de bois tendre , leur seul aliment pendant l'hiver, et dont ils font, dès le mois de septembre, une ample provision à laquelle les habitans de chaque cabane ont un droit égal. Quelque nombreuse que soit la société, qui compose l'établissement général ou *bourgade* , la paix s'y maintient sans altération. Des travaux entrepris de concert ont établi l'union ; les agrémens et la sûreté du domicile , l'abondance des vivres , et surtout la consommation qui s'en fait en communauté, sert à entretenir cette union; des appétits modérés , des goûts simples éloignent d'eux toute idée de rapine et de guerre. Toujours amis , les castors savent jouir du repos et du vrai bonheur. Ont-ils quelques ennemis au-dehors, trop pacifiques pour les attaquer, ils les évitent avec prudence : sont-ils menacés de quelques dangers, ils s'avertissent les uns les autres, en frappant avec leur queue la surface de l'eau. Ce coup, qui retentit sous les voûtes de toutes les habitations, fait prendre à chacun le parti de la retraite ; alors ils plongent dans les ondes, ou se réfugient dans leurs murs, qu'aucun animal n'ose entreprendre de renverser.

Les naturels du pays sont très-ardens à la poursuite des castors ; ils les chassent ou les prennent dans des piéges, et leurs peaux sont leur moyen d'échange avec les Européens.

Les peaux de castors se divisent en deux espèces : le *castor gras*, et le *castor sec* ; le premier est celui qui , ayant servi de vêtement aux sauvages du Canada, est imprégné de leur sueur.

On distingue deux sortes de poils sur la peau du castor , le gros et le fin. Le gros poil , ou *jare* , s'enlève avec un couteau à deux manches, appelé *plane ;* le poil fin y demeure attaché, et doit former le feutre du chapeau. La peau étant *planée* , il y reste encore du gros poil qu'on ôte avec un petit couteau , nommé *couteau à repasser ;* on bat ensuite les peaux pour faire sortir la poussière qu'elles contiennent , et avec une brosse rude imbibée d'eau forte, on les frotte du côté du poil ; on fait sécher ces peaux dans une étuve ; après qu'on les en a retirées, on les humecte un peu , puis on démêle le poil avec une carde fine, et on le coupe raz à la peau.

Lorsque le poil a été ainsi coupé, les peaux de *castor sec* se vendent aux marchands de colle forte, et aux boisseliers, qui en font des cribles, ou aux bourreliers-bâtiers, qui en font des bâts communs pour les chevaux ; celles de *castor gras*, servent aux coffretiers, qui en revêtent des coffres.

La laine de vigogne se divise en deux espèces, la fine et la commune. On a soin d'en ôter les poils grossiers, les nœuds et les ordures ; ce travail se fait avec la main.

Les peaux du lièvre et du lapin portent, comme celle du castor, deux sortes de poils ; on les plane aussi, on les passe à l'eau forte et on les tond.

Quand tous les poils sont préparés, on les met dans des tonneaux, pour servir au besoin.

Par les différens mélanges qu'on fait de ces poils et de ces laines, on obtient plusieurs qualités de chapeaux, que l'on divise, en *fins*, en *communs*, en *castors superfins*, en *castors ordinaires*, et en *demi-castors*. Les superfins sont de poils choisis de castor ; les castors ordinaires sont de castor, de vigogne et de lièvre ; les demi-castors, sont de vigogne commun, de lièvre et de lapin, avec une once de castor destinée à être mise par-dessus les autres matières.

La manière de fabriquer ces différens chapeaux est plus ou moins composée ; je vais vous donner pour exemple la méthode qui demande le plus d'apprêt : voici comment on y procède.

On prend un cinquième de castor gras, sur quatre de castor sec ; les deux tiers de cette dernière espèce ont été passés à l'eau forte ; on la divise en deux autres parties ; l'une, qui étant mélangée avec le reste du poil doit servir au fond du chapeau, est donnée au cardeur, et l'autre mise à part pour faire la *dorure*, ou le dessus du chapeau.

Le cardeur de poil, à l'aide de deux baguettes qu'il fait passer plusieurs fois de droite à gauche et de gauche à droite, secoue, bat, divise et mélange le plus exactement qu'il peut chaque partie de poil (ou de laine) de manière à ce que chacune de ces matières se trouve si intimement mêlée, qu'il soit impossible de distinguer l'une de l'autre, ensuite on carde le tout. La matière cardée s'appelle *étoffe*.

On la divise en quatre parties qu'on *arçonne* séparément. Cette opération consiste principalement à faire voler et à battre l'*étoffe* sur une claie , par les vibrations réitérées d'une corde à boyau fixée aux extrémités d'un long archet , et à former en outre par cette manœuvre , des *capades*, qui sont autant de plaques ou d'assemblages de poils , rangés sous une forme triangulaire ; ensuite l'ouvrier *marche la capade avec la carte ;* c'est-à-dire qu'il la couvre avec un morceau de parchemin fort épais , et la presse avec les deux mains , qu'il appuie successivement sur toutes les parties , en glissant d'un endroit à l'autre avec le plat de la main qu'il agite par de petites secousses.

On place les *capades* sur une *feutrière*, morceau de toile de ménage qu'on mouille avec un goupillon ; renfermées sous cette feutrière , elles sont de nouveau *marchées* deux à deux. Après diverses opérations qui tendent en général à leur donner de la consistance et à les lier ensemble bord contre bord, on bâtit une étoffe de figure d'entonnoir, que l'on appelle un *feutre;* on met ensuite ce feutre à la foule, atelier composé principalement d'une chaudière qui peut contenir sept à huit seaux d'eau, d'un fourneau construit sous la chaudière, et de plusieurs fouloirs scellés en pente autour du massif de plâtre qui soutient les chaudières; ces fouloirs sont des espèces d'étaux à boucher.

Pour *fouler* les chapeaux , on les trempe, et même souvent on les fait bouillir quelque temps dans l'eau de la chaudière où l'on a auparavant délayé de la lie de vin en masse; on les retire de la chaudière, et on les roule sur le *fouloir* jusqu'à ce qu'ils soient parfaitement *foulés ;* immédiatement après cette opération, le chapelier *dresse le feutre*, c'est-à-dire qu'il l'enfonce et lui donne la figure de *chapeau*, en le mettant sur une forme de bois , pour en faire la tête ; après lui avoir fait prendre exactement la forme, on efface les plis du chapeau, en passant sur sa surface un instrument en cuivre , nommé *choque*.

Le chapeau dressé, et hors de dessus la forme, on le met sécher à l'étuve , pour être ensuite passé à la pierre de *ponce*, après quoi on enlève avec une brosse sèche et dure les poils que la pierre a détachés, et l'on passe dessus un peloton couvert de drap.

Lorsque le *feutre* est ainsi préparé, il ne s'agit plus que de le passer à la teinture, qui est composée de noix de galles et de bois d'Inde, que l'on fait bouillir pendant plusieurs heures dans une eau chargée de gomme, et dans laquelle on a dissous une certaine quantité de couperose et de vert-de-gris. La chaudière qui sert à faire la teinture peut ordinairement tenir jusqu'à douze douzaines de chapeaux montés sur leurs formes de bois ; les chapeaux y étant restés deux heures, on les en retire pour les laisser teindre à froid ; on réitère cette opération à plusieurs reprises. La teinture achevée, on relave le chapeau avec de l'eau claire, on le frotte avec des brosses, et on le remet à l'étuve pour le faire sécher.

Quand il est bien sec, on lui donne un lustre avec de l'eau claire ; le chapeau, dans cet état, a très-peu de consistance ; pour l'affermir on l'*encole*, opération qui consiste à brosser le chapeau avec une brosse chargée de colle ; on le *chauffe* ensuite, en le plaçant sur une plaque de fer sous laquelle sont des charbons allumés.

Dès que le chapeau est suffisamment chaud, on frappe doucement sur les bords avec le plat de la main, pour incorporer la colle ou *apprêt* dans le feutre ; ensuite on laisse sécher le chapeau, on en aplatit les bords, et l'on y fait ce qu'on appelle le *cul du chapeau* ; ces deux opérations se donnent sur le bassin (1). On le chauffe fortement ; mais pour empêcher que le chapeau ne se brûle, on recouvre le bassin, d'abord d'une feuille de papier, et ensuite d'une toile ; quand la toile a une moiteur assez chaude, on y place le chapeau à plat, sur ses bords. Pour faire le cul, il ne faut que renverser le chapeau sens dessus dessous, et le tourner sur sa forme comme on l'a tourné sur ses bords.

Quand il a reçu toutes ces façons, on le brosse et on le lustre ordinairement avec de l'eau claire et pure, quelquefois avec de l'eau de noix de galles, puis on l'arrondit avec des ciseaux. Chaque fois que le chapelier veut montrer un chapeau à l'acheteur qui le marchande, il a soin de le bien nettoyer en le brossant légèrement, et le *pare* avec une pelote ou peloton d'étoffe veloutée, pour lui donner un nouveau lustre.

(1) Le bassin est une espèce de fourneau qui diffère peu de ceux de cuisine, et dont l'entrée est couverte avec une plaque de cuivre.

TREIZIÈME SOIRÉE.

Des différentes Matières colorantes ; des Procédés pour obtenir les Couleurs artificielles , et de la Manière de les appliquer sur les Tissus.

Parmi les ouvrages du Créateur, il en est une infinité qui se distinguent par là beauté , par la richesse et par la vivacité des couleurs ; un grand nombre d'oiseaux , d'insectes et de coquillages , les fruits , et surtout les fleurs, offrent des nuances variées dont l'éclat charme la vue et commande l'admiration. Les couleurs nous font sentir séparément toutes les beautés de la nature : reproduire ces couleurs pour les transporter sur d'autres substances qui servent à nous vêtir et à nous meubler, est devenu l'objet d'un art très-étendu, et l'un des plus difficiles que l'on connaisse.

Les substances que l'on emploie à fabriquer des tissus sont, pour la plupart, d'une couleur lugubre et terne , ou d'une uniformité peu convenable ; en appliquant sur ces substances des couleurs artificielles , on leur a donné une magnificence qui plaît aux yeux, et satisfait à la diversité des goûts ainsi qu'aux caprices de la mode.

L'invention de la teinture est très-ancienne ; on en fixe communément l'époque à près de quinze cents ans avant l'ère chrétienne. On présume qu'elle est due au hasard ; les premiers fruits, la première plante qu'on aura écrasés , l'effet des pluies sur certaines terres et sur certains minéraux ont dû donner des notions sur l'art de teindre et sur les matières propres à la teinture. La Providence a mis partout à la disposition de l'homme, des terres ferrugineuses, des terres bolaires de toutes nuances, des matières végétales et salines qui peuvent , ou fournir une teinture , ou bien servir à fixer sur les substances la matière colorante. La grande difficulté a été de trouver les différentes combinaisons qui produisent ces résultats. Combien de tentatives auront été faites , mes enfans , avant qu'on ne soit parvenu

DE LA
Teinture

No 1. Récolte de la Cochenille

No 2. Vue d'une indigoterie

No 5. Dégommage de la Soie

No 4. Soufrage de la Soie

No 3. Atelier d'un teinturier

au point d'appliquer convenablement les couleurs sur les étoffes, et surtout avant qu'on ait réussi à leur donner cette adhérence et ce lustre qui font le principal mérite de l'art du *teinturier !*

La *teinture* exige des manipulations et des opérations diverses ; les unes sont relatives à la composition de la liqueur qui doit servir à teindre, et qui, prête à recevoir une substance quelconque, s'appelle *bain*, en terme de l'art ; les autres manipulations se rapportent à la préparation des substances qui doivent être teintes.

La laine, la soie, le coton et le fil ont chacun leur caractère particulier, et ne se prêtent point également à recevoir les mêmes teintures ; de cette différence il résulte que la *teinture en laine*, la *teinture en soie*, la *teinture en fil et coton* forment trois branches distinctes.

De toutes les matières animales, les laines sont celles qui se teignent le plus facilement, et dont les couleurs sont les plus vives et les plus solides. Le coton, le fil et toutes les autres matières végétales sont, au contraire, plus ingrates et plus difficiles à teindre.

Dans la teinture, en laine, en soie, ou en fil, on compte *cinq couleurs primitives*, différentes de celles connues sous ce nom par les physiciens.

Les *cinq couleurs primitives*, dans la teinture, sont le *bleu*, le *rouge*, le *jaune*, le *fauve* ou couleur de *racine*, et le *noir*. Chacune de ces couleurs peut produire un très-grand nombre de nuances, et de deux ou plusieurs de ces différentes nuances naissent toutes les couleurs qui existent dans la nature ; ce qui les fait nommer avec raison, pour la teinture, *couleurs primitives*. Je me bornerai à vous indiquer la manière d'obtenir les couleurs primitives, bases de toutes les autres.

Il entre dans la composition des liqueurs préparées pour les diverses *teintures*, des ingrédiens *colorans* et *non colorans ;* ces derniers, au nombre desquels sont l'*alun*, le *tartre*, l'*arsenic*, l'*étain*, le *salpêtre*, les *cendres communes*, les *cendres cuites*, les *cendres gravelées*, le *sel de nitre*, le *sel ammoniac*, etc., etc., ne servent qu'à disposer les matières à recevoir les couleurs qui leur sont imprimées, ou à rendre ces couleurs plus belles et plus assurées.

11

Les ingrédiens *colorans* sont tellement nombreux, qu'il serait trop long de vous en donner la nomenclature. Je vous ferai seulement connaître ceux qui entrent dans les couleurs primitives.

Teinture en Laine.

Il y a deux manières de teindre les laines, de quelque couleur qu'il s'agisse : l'une s'appelle *teindre en grand et bon teint*; l'autre, *teindre en petit et faux teint*. La première consiste à employer des drogues et ingrédiens qui rendent la couleur solide, en sorte qu'elle résiste à l'action de l'air, et qu'elle ne soit que difficilement tachée par les liqueurs âcres ou corrosives. La seconde, au contraire, donne des couleurs plus passantes, quoiqu'elles soient très-souvent plus vives et plus brillantes que celles du bon teint. Le petit teint se fait à meilleur marché que le bon teint; motif qui souvent engage les ouvriers à se servir de ce genre de teinture préférablement à l'autre.

On donne le *bleu* aux laines ou étoffes de laine de toute espèce, sans qu'il soit besoin de les préparer autrement que de les bien mouiller dans l'eau commune tiède, et de les laisser ensuite égoutter; par ce moyen, la teinture s'introduit plus facilement dans le corps de la laine. Il est indispensable de prendre cette précaution pour toutes les *couleurs*, de quelque espèce qu'elles soient, tant sur les laines filées que sur les étoffes de laine. Quant aux laines qui servent à la fabrique des draps, et qu'on veut teindre avant qu'elles soient filées, il faut préalablement les *dégraisser*, opération que je vous ai fait connaître en vous parlant de la fabrication de ce tissu.

Les teinturiers donnent le *bleu* aux laines ou aux étoffes de laine, soit avec le *pastel*, soit avec le *vouède*, soit avec l'*indigo*.

Le *pastel* provient d'une plante d'où il tire son nom, et que l'on cultive en plusieurs endroits de la France, surtout en Languedoc. Pour préparer cet ingrédient, on cueille les feuilles du pastel, et lorsqu'elles sont flétries, on les réduit en pâte en les mettant sous la meule d'un moulin. Après avoir pétri et broyé cette pâte, on la met en petites pelotes, avec lesquelles les teinturiers font ce qu'ils appellent la *cuve de pastel*.

Le *vouède* provient aussi d'une plante à la culture de laquelle on se livre en Normandie. Elle est presque semblable au pastel et se prépare à peu près de la même façon.

L'*indigo* est un suc épaissi qu'on tire, par le moyen de l'art, de la tige et des feuilles de l'anil, cultivé avec un soin extrême en Amérique, où l'on en fait des récoltes considérables.

La préparation de l'*indigo* est une source de richesses pour les habitans du Nouveau-Monde, cette substance étant un objet très-important de commerce pour l'usage dont elle est dans la teinture.

Pour obtenir l'*indigo*, on a trois cuves l'une au-dessus de l'autre, en manière de cascade : dans la première, qu'on emplit d'eau, on met la plante chargée de ses feuilles, de son écorce et de ses fleurs; au bout de quelque temps, le tout fermente, l'eau s'échauffe, bouillonne, s'épaissit et devient d'une couleur bleue tirant sur le violet; pour lors on fait passer par des robinets, dans la seconde cuve, l'eau chargée de cette substance colorante de la plante, et l'on y bat cette eau avec un moulin à palettes, pour condenser la substance de l'*indigo* et la précipiter au fond; par ce moyen, l'eau redevient limpide et sans couleur. On ouvre les robinets de cette seconde cuve pour en faire écouler l'eau jusqu'à la superficie de la fécule bleue; après quoi on ouvre d'autres robinets qui sont plus bas, afin que cette fécule tombe au fond de la troisième cuve où l'*indigo* se repose et se dessèche. Il en est ensuite retiré pour être mis en petits pains carrés ou tablettes, que l'on verse dans le commerce.

Les teinturiers en laine distinguent plusieurs sortes de bleu; mais ces espèces ne diffèrent entre elles que par l'intensité de la couleur, et il suffit, pour les obtenir, de plonger plus ou moins long-temps dans la cuve les étoffes que l'on veut teindre.

Il y a, dans le bon teint, quatre sortes principales de *rouges*, qui sont la base de tous les autres; ces *rouges* sont l'écarlate de graine, ou *écarlate de Venise*; l'*écarlate couleur de feu*, ou *écarlate des Gobelins*; le cramoisi et le rouge de garance.

Pour tous les *rouges*, à l'exception de l'écarlate couleur de feu, il faut, avant de plonger dans la teinture, soit

11 *

(84)

la laine, soit l'étoffe, lui donner une préparation qui la dispose à recevoir la couleur de l'ingrédient colorant ; cette préparation consiste à faire bouillir l'étoffe dans de l'eau chargée d'une certaine quantité d'alun et de tartre.

L'*écarlate de graine*, ou *écarlate de Venise*, est faite avec le kermès, *gallinsecte* que l'on trouve attachée à l'écorce d'une espèce de petit chêne vert qui croît en Provence, en Languedoc et en Espagne.

Le *cramoisi* et l'*écarlate couleur de feu* sont le produit de la *cochenille* ; l'écarlate couleur de feu nous donne la plus belle et la plus éclatante couleur de la teinture : elle est aussi la plus chère et la plus difficile à porter à sa perfection. La réussite dépend du choix de la *cochenille* et de la manière de préparer la dissolution de l'étain qui donne la couleur vive de feu. au teint de la *cochenille*, qui, sans cette liqueur, serait naturellement cramoisie.

La *cochenille* ne se recueille qu'au Mexique ; elle provient d'un *progallinsecte* qui s'attache aux feuilles des divers végétaux. Les Mexicains l'y ramassent et la transportent sur une plante à laquelle on donne les noms de *figuier d'Inde*, de *cardasse*, de *raquette*, *nopal* ou *opentia*.

Les Indiens cultivent aux alentours de leurs habitations un grand nombre de ces arbres, sur lesquels ils sèment, pour ainsi dire, la *cochenille*, afin de s'en assurer la récolte. Ils font de petits nids avec de la mousse ou de la bourre de coton très-fine, et les mettent deux par deux, ou trois par trois sur chaque feuille de *nopal*. Ils les assujettissent avec des épines, après avoir placé dans ces nids douze ou quatorze *cochenilles*, qui dans trois ou quatre jours donnent naissance à des milliers de petits dont la grosseur n'excède pas la pointe d'une épingle. Peu de temps après, ces nouveaux-nés se dispersent sur la plante, se fixent sur les endroits les plus succulens, les plus verts et les plus à l'abri du vent, les piquent, en tirent le suc et y demeurent jusqu'au dernier période de leur accroissement. Les Indiens recueillent ces insectes, les font périr en les plongeant dans de l'eau chaude, les mettent ensuite sécher au soleil ou dans de petits fours faits exprès. La cochenille, ainsi préparée, peut se conserver plus de cent ans sans perdre sa partie colorante, et sans éprouver aucune altération.

Les *rouges de garance* se font avec la garance pure sans mélange d'aucun autre ingrédient. La *garance* est une racine qui vient naturellement dans la plupart des provinces de la France, et qu'on s'applique à cultiver dans la Flandre et dans la Zélande.

Les *jaunes* se font avec la racine de patience sauvage, l'écorce de frêne, les feuilles d'amandier, de pêcher, de poirier, et avec diverses autres sortes de feuilles, de racines et d'écorces; mais la *gaude* est, de toutes les matières, celle qui donne le jaune le plus franc, et celle qui est le plus généralement employée. La *gaude* est une plante qui vient naturellement, ou par culture, dans presque toutes les provinces de la France.

Avant de donner les *jaunes* aux laines ou à l'étoffe, il faut qu'elles aient reçu la même préparation que pour les rouges.

Le *fauve* est la quatrième des couleurs primitives des teinturiers; on se sert pour teindre en fauve du *brou de noix*, de *la racine de noyer*, de *l'écorce d'aune*, du *santal*, du *sumac*, de la *suie*, etc.; de tous ces ingrédiens le brou de noix est le meilleur, ses nuances sont belles et sa couleur solide.

Le *noir* est la cinquième couleur primitive; elle comprend une quantité prodigieuse de nuances. Avant de teindre les étoffes ou les laines en noir, il faut leur donner une couleur bleue, la plus foncée qu'il est possible. Le *noir* se fait avec du bois d'Inde coupé en éclats, des galles d'Alep, du vert-de-gris, de la couperose verte, et quelques autres ingrédiens qui varient suivant les manufactures.

La teinture de *bourre*, ou poil de chèvre garancé, *l'orseille*, le *bois d'Inde* ou de *Campêche*, le *bois de Brésil*, le bois de *fustet*, le *rocou*, la *terra merita*, s'emploient pour les couleurs du *petit teint*.

Teinture en Soie.

La soie sortant de dessus les cocons, a une roideur et une dureté occasionées par une sorte de vernis ou de gomme dont elle est naturellement enduite; pour détruire ces imperfections on commence par *décruser* la plus grande partie des soies dont on fait usage. Les soies destinées à être employées en blanc, reçoivent plusieurs préparations. La première, qui s'appelle le *dégommage*, consiste à faire tremper, pendant un certain temps, dans un *bain* d'eau chaude, chargée de savon, les soies, qu'on a réunies en une quantité d'écheveaux dont le nombre est déterminé par l'usage, et que l'on nomme *mateaux* ou *poignées*.

La soie étant *dégommée*, on la tire sur la cheville pour lui faire quitter son savon. On passe une corde dans les *mateaux* afin de les assujettir pendant la cuite ; on renferme les soies dans des sacs de grosse toile, et on les met dans un nouveau *bain* que l'on fait bouillir pendant une heure et demie, en ayant soin de remuer souvent les sacs avec une perche pour empêcher que la soie ne se brûle. Cette opération s'appelle la *cuite*. Dès qu'elle est terminée, on ôte les sacs de la chaudière, on les découd ; on en retire les soies, et, après avoir examiné si elles sont bien *cuites*, on dresse le tout sur des chevilles pour disposer ensuite les soies à recevoir la couleur qu'on veut leur donner.

En suivant cette méthode, qui est assez généralement usitée, les soies ont le plus grand degré de blancheur qu'elles puissent acquérir par ces préparations ; néanmoins, comme il y a diverses nuances de blanc, les teinturiers sont obligés pour faire prendre à la soie la nuance particulière qu'ils désirent lui donner, d'ajouter, à cet effet, quelques ingrédiens d'espèces différentes, soit dans le dégommage, soit dans la cuite, soit dans un troisième *bain*, qu'ils appellent *blanchîment*.

Il est nécessaire de *souffrer* les soies qui doivent être employées en blanc, quel que soit le genre d'étoffe auquel on les destine, à l'exception cependant des soies dont on se propose de faire de la moire.

Pour souffrer les soies, on les étend sur des perches placées à sept ou huit pieds de hauteur. On allume du souffre dans une marmite de fer, et l'on ferme avec soin la chambre dans laquelle a lieu le souffrage. Le lendemain on en ouvre les fenêtres pour laisser se dissiper l'odeur du souffre et faire sécher les soies. Lorsque la température n'est pas assez chaude, on les met sécher dans une étuve.

Une des opérations les plus essentielles en général dans toutes les teintures en soie, comme en laine, en coton ou en fil, c'est *l'alunage*, parce que *l'alun* est un mordant, sans lequel la plupart des couleurs n'auraient ni beauté, ni solidité. Ce sel réunit deux propriétés admirables et de la plus grande importance dans la teinture ; il rehausse l'éclat d'une infinité de couleurs, et les fixe d'une manière durable sur les matières teintes.

Huile
ET
Savon

N° 1. Recolte des Olives.

N° 2 Moulin a huile.

N° 3. Fabrication de la Soude.

N° 4 Manu

Les substances colorantes, qui entrent dans la teinture en soie sont, en grande partie, les mêmes que celles qui servent à la teinture en laine. Vous n'avez point oublié, sans doute, que leur nombre prodigieux m'ayant empêché de vous les décrire toutes, je vous ai néanmoins fait connaître celles qui, par leur nature, ou par les préparations qu'elles exigent, pouvaient vous présenter quelqu'intérêt.

Je vous ai dit, mes enfans, que le fil et le coton prenaient plus difficilement la teinture que la laine et la soie ; il en résulte qu'à l'exception du *bleu*, du rouge, du *jaune* et du *noir*, les couleurs qui leur sont imprimées offrent peu de solidité.

Avant de mettre aucun fil à la teinture, il faut qu'il soit lessivé avec de bonnes cendres, et lavé avec de l'eau de rivière, ou de fontaine, ensuite aluné et séché.

La teinture en bleu, sur le fil ainsi que sur le coton, se fait de même que pour la laine ; le *rouge* se donne simplement avec la garance ; le *jaune* avec la gaude ; et pour mettre en *noir* ces deux substances, on emploie les procédés usités généralement pour ce genre de teinture.

QUATORZIÈME SOIRÉE.

De la Culture de l'Olivier; de la Récolte des Olives, et de l'Art d'en tirer de l'Huile. De la Fabrication du Savon, et de l'Emploi de cette substance pour le Blanchissage du Linge.

La culture de l'olivier est la source de la richesse de plusieurs de nos provinces méridionales, principalement de la Provence, du Languedoc, etc., etc. Cet arbre abonde en Italie, et en Espagne.

On compte plusieurs espèces d'oliviers, dont la plus grande partie ne sont que des variétés ; on les cultive toutes, les unes, parce que les fruits sont propres à être confits ; les autres, parce qu'elles donnent l'huile la plus fine.

L'huile d'olive est d'un usage extrêmement étendu : nous l'employons communément pour la salade et les fritures, mais, dans beaucoup de provinces de la France, elle remplace le beurre, dans la préparation des mets. Son utilité est très-grande en médecine, particulièrement pour la composition de quantité de beaumes, d'onguens, d'emplâtres et de linimens adoucissans ; elle est le meilleur antidote contre les poisons corrosifs ; on la fait entrer aussi dans la fabrication des savons de première qualité; enfin, elle est nécessaire dans presque tous les arts.

Les meilleures huiles viennent de Grasse, d'Aramant, d'Aix et de Nice.

Suivant la tradition de presque tous les peuples de l'antiquité, l'*olivier* est le premier arbre, dont les hommes aient appris la culture, et l'on ne peut douter que, dès les siècles primitifs, plusieurs peuples n'aient connu l'art de tirer l'huile des olives; mais il ne paraît pas qu'on employât alors les machines dont nous nous servons aujourd'hui pour cette opération.

La bonté de l'huile dépend du sol où croissent les oliviers, de l'espèce des olives qu'on emploie, et des précautions qu'on prend pour la récolte, et pour exprimer le suc de ces fruits.

Lorsque la nature du terrain le permet, on s'attache à cultiver, par préférence, les espèces d'oliviers qui donnent des huiles fines; autrement on s'applique à la culture des espèces qui fournissent des fruits en plus grande abondance, et l'on en fait de l'huile pour les savonneries et pour les lampes.

On fait la *cueillette* des olives vers le mois de novembre et de décembre. Il est essentiel de les détacher de l'arbre avec la main, afin de ne point endommager les branches de l'olivier. On trie les plus saines, on les broie dans une auge circulaire, sous une meule cylindrique, qui se meut horizontalement dans l'auge, et qui est attachée par son essieu à un arbre tournant. Un garçon, qu'on nomme *diablotin*, fait le travail du moulin, et avec une pelle, il amène les olives sous le passage de la meule.

Quand elles sont en pâte, un ouvrier prend un *scouffin*, petit sac à deux ouvertures ; il tient l'ouverture inférieure du scouffin fermée, il la remplit de pâte d'olives, et va ensuite le poser au pressoir; il en empile plusieurs l'un sur l'autre et les met sur la *maye*, espèce de pierre creusée exprès pour recevoir l'huile, et inclinée pour donner l'écoulement à la liqueur. On fait tourner la vis, et l'huile qui s'exprime est *l'huile vierge*.

On verse de l'eau chaude sur les scouffins, pour en détacher l'huile restée dans le marc ; et ce qui provient de ce lavage est porté dans un cuvier. Au bout de trois ou quatre jours, la partie grasse surnage ; on la recueille avec une feuille de fer-blanc en forme de cuiller, ce qui fournit l'*huile commune ;* les résidus de ces cuviers s'écoulent dans un souterrain ; ce qu'on en retire donne l'huile la plus inférieure.

On fait usage dans les arts, non-seulement de l'huile d'olive, mais encore de plusieurs autres espèces d'huiles qu'on retire de divers fruits ou graines, telles que les noix, la graine de lin, la navette, le colza, etc. L'art d'exprimer ces huiles se rapproche beaucoup, mes enfans, de celui que je viens de vous décrire ; on a aussi les huiles animales, comme celles de baleine, de morue, de chien de mer, de cheval, etc. Toutes ces huiles, par le moyen de la liquéfaction, servent, les unes à éclairer et les autres à préparer les laines ou à corroyer les cuirs ; quelques-unes entrent dans l'apprêt de nos alimens, d'autres sont employées à la peinture, et, ainsi que je vous l'ai déjà dit, à la fabrication *du savon.*

Cette dernière substance est le produit de la combinaison d'une huile ou d'une matière grasse avec un alkali. Suivant la qualité de l'huile et la nature de l'alkali qui forment ce mélange, on obtient des savons soit solides, soit liquides, qu'on emploie à différens usages dans les arts. Leur fabrication étant absolument la même, je vous indiquerai, mes enfans, celle des savons solides, en la faisant précéder de la manière de se procurer la *soude,* substance essentielle dans la composition du savon.

La soude provient de l'incinération de plusieurs plantes qui croissent sur le bord de la mer. Après avoir coupé ces plantes on les fait sécher, et on les entasse dans des fosses, où on les brûle. Elles produisent des cendres qui se fondent et s'agglomèrent en une seule masse d'un noir bleuâtre, qui est de la soude mélangée de terre : tel était le seul procédé employé il y a quelques années pour la fabrication de cette substance ; mais depuis que la chimie a fait des progrès rapides, on a découvert qu'on pouvait retirer, avec un immense avantage, la soude du *sel marin,* qui n'est autre chose qu'une combinaison de soude et d'un acide. Maintenant la plus grande partie de cet alkali, consommé en France, provient de la décomposition artificielle du sel marin. Il faut, pour l'obtenir, mélanger le sel marin avec de l'acide sulfurique, le chauffer et pétrir ensuite le résidu avec de la chaux. Ce mélange, calciné sur la sole d'un

12

fourneau de réverbère, donne la soude, qui n'a plus besoin que d'être lessivée avant d'être combinée avec l'huile.

Pour fabriquer le savon il faut, si l'on se sert de la soude produite par l'incinération des plantes marines, la rendre caustique, opération inutile quand on emploie la *soude artificielle*. Pour rendre la soude caustique, on en dissout une certaine quantité dans une chaudière de fer, en y ajoutant le double de son poids de chaux éteinte ; on fait bouillir le tout pendant quelques instans, en ayant soin d'agiter le mélange, on le filtre ensuite, et l'on évapore la liqueur qui en provient jusqu'à un point indiqué par l'expérience. On la mèle alors avec son poids égal d'huile d'olive : on chauffe légèrement le mélange, en l'agitant sans relâche, pour faciliter la combinaison de l'huile avec la soude. On retire de temps en temps des gouttes du mélange, et on les met sur une plaque de verre ; quand elles se solidifient, c'est une preuve que le savon est fait. On le verse alors dans des moules de bois ou de fer-blanc, pour en former des *pains* ou *tables* d'environ trois pouces d'épaisseur sur un pied et demi de long. C'est sous cette forme qu'il est versé dans le commerce.

Le *savon* réunit plusieurs propriétés. On l'emploie en chirurgie et en médecine, soit extérieurement, soit intérieurement ; il est nécessaire dans plusieurs arts mécaniques, et indispensable pour le *blanchissage du linge*, qui, par ses résultats, influe en quelque sorte sur notre conservation, le linge qu'on porte sur la peau servant à entretenir la propreté du corps, si essentielle à la santé.

Le but que l'on se propose dans le *blanchissage* est de débarrasser le linge de toutes les matières qui le salissent, pendant le temps que nous nous en servons.

Le *blanchissage du linge* consiste en quatre opérations principales : l'*esssange*, le *coulage de la lessive*, le *retirage* et le *savonnage*. Surveiller ces travaux est au nombre des occupations d'une maîtresse de maison qui entend l'économie domestique. Néanmoins, dans les grandes villes, le défaut d'emplacement force à recourir à des *blanchisseuses*, qui en font leur état à domicile.

Quand on est dans l'usage de faire la *lessive* chez soi, on destine, assez ordinairement, à cet effet un lieu appelé *buanderie*, où sont placés un fourneau, des cuviers et des chaudières pour le coulage.

Pour procéder à l'*essange* du linge, on le lave simplement à l'eau froide, ou quelquefois avec du savon ; on tord,

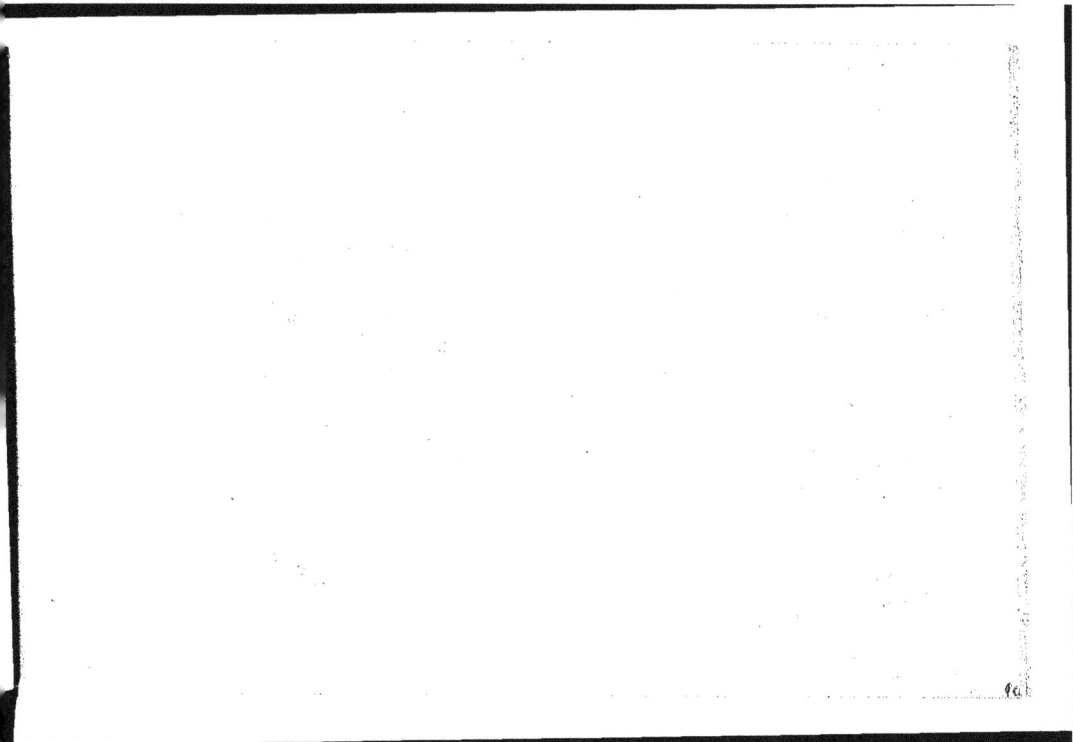

La Cire
ET
la Bougie.

N.1. Les Abeilles.

N.2. Récolte du Miel et de la Cire.

N.3. Blanchissage de la Cire.

N.4. Fabrication de la Bougie.

on exprime chaque pièce, et l'on place le linge couche par couche dans un cuvier. On recouvre le tout d'une forte toile sur laquelle on étend une couche de cendres qu'on arrose avec de l'eau chaude ; cette eau dissout le sel qu'elles contiennent.

Cette dissolution ou *lessive*, en pénétrant lentement à travers l'épaisseur du linge, se charge de toutes les impuretés dont il était imprégné, elle s'échappe ensuite par une bonde placée au bas du cuvier, elle tombe dans un cuvier plus petit, et on la verse chaude sur la couche de cendres. On continue cette manœuvre pendant vingt-quatre heures ; on mêle souvent à la cendre, une petite quantité de soude ou de potasse.

Lorsque la lessive est entièrement *coulée*, on retire le linge du cuvier, on le lave à plusieurs reprises dans une eau claire, quelquefois on se sert de battoirs pour accélérer cette opération.

Quand le linge est blanc et bien décrassé, on le lave et le relave dans de l'eau claire, jusqu'à ce qu'il n'y reste plus aucun vestige ni d'eau de *lessive*, ni d'eau de savon, ni de crasse ; on l'étend sur des cordes pour le faire sécher ; sec, on le détire et on le plie, et il est en état d'être serré dans les armoires.

Le *linge fin* n'a pas essentiellement besoin de passer en lessive ; l'eau tiède et le savon suffisent pour le nettoyer parfaitement, et quand il est sec, on le *repasse*, opération qui se fait avec des fers chauds.

QUINZIÈME SOIRÉE.

De la Cire, et de la Graisse des Animaux employées pour l'Éclairage.

Quand l'astre lumineux qui nous éclaire a quitté notre horizon, nous serions réduits, mes enfans, à rester dans les ténèbres, si l'on n'avait su découvrir le moyen de disposer de l'élément du *feu*, dont le principe existe dans tout ce qui nous environne. Le seul frottement met le bois en *feu*; lorsqu'on bat un caillou avec un morceau de fer, il en jaillit des étincelles brillantes, capables d'embrâser les combustibles ; tel est, vous le savez,

12 *

l'effet du briquet : cette invention, quelque simple qu'elle puisse vous paraître, est néanmoins d'une merveilleuse utilité.

Après s'être rendu maître de l'action du feu, l'homme parvint à se dédommager de l'absence du jour par une lumière artificielle ; pour se la procurer, divers peuples eurent recours, et recourent encore, à des bois résineux, coupés en éclats et liés ensemble ; d'autres tirent de certains végétaux, tels que l'arbre à *suif* et l'arbre de *cire*, des matières propres à l'éclairage. En Europe, et particulièrement en France, diverses espèces de fruits et de graines nous fournissent, ainsi que je vous l'ai dit précédemment, plusieurs sortes d'*huiles*, liqueur qui, en brûlant, produit une clarté agréable et douce ; la graisse de différens animaux nous procure la *chandelle*, et nous devons à un faible insecte, la *cire*, qui sert à fabriquer la *bougie*, dont les personnes opulentes éclairent leurs appartemens.

La *cire* est un des riches produits des *mouches à miel* ; il vous sera facile, mes enfans, d'admirer leur industrie, en allant au Jardin du Roi, où, rassemblées dans des ruches vitrées, elles offrent, à toutes les heures du jour, et dans presque toutes les saisons de l'année, un spectacle très-intéressant et très-varié : mais, plus ordinairement, on donne pour habitation aux abeilles ; des ruches d'osier ou de paille, où elles viennent déposer la récolte qu'elles vont faire chaque jour dans la campagne. Elles forment leur *cire* avec la poussière des étamines des fleurs : après qu'elles ont ramassé cette poussière à l'aide d'espèces de brosses dont leurs pattes sont pourvues, elles la font passer dans un de leurs estomacs (car elles en ont deux, l'un pour le miel, l'autre pour la cire), et lorsque cette matière y a subi l'élaboration nécessaire pour être convertie en *véritable cire*, elles en construisent, dans leurs ruches, des *gâteaux*, ou *rayons*, composés d'*alvéoles*, ou cellules très-régulières, disposés de manière à contenir le *miel*, le *couvain*, d'où doivent éclore de nouvelles abeilles, et la *cire brute*, qui est la poussière d'étamines non convertie en vraie cire, et qui sert de nourriture aux abeilles.

Quand ces insectes ont rempli leurs ruches, on s'empare des gâteaux. Les uns font un trou en terre, y mettent du soufre, et présentent les ruches sur le trou, pour faire périr les mouches et pour recueillir avec facilité leur cire et leur miel. Une méthode plus avantageuse, est de prendre un panier vide, de l'aboucher sur une ruche pleine de mouches et de provisions , et de faire passer les mouches dans ce nouveau panier : de cette manière , on profite de la récolte des abeilles , on les conserve , et elles travaillent de nouveau.

Aussitôt qu'on a enlevé les gâteaux des ruches , on rompt les couvertures des alvéoles avec un couteau , et l'on en place les fragmens sur des claies d'osier , à travers lesquelles le miel liquide découle naturellement , c'est le plus beau et le plus parfait ; on l'appelle *miel vierge*.

Quand on a retiré ainsi le premier miel , on brise les gâteaux avec les mains ; ils fournissent du miel de moindre qualité , dont la couleur jaune est causée par une petite partie de *cire brute* , mêlée d'un peu de miel , dont plusieurs alvéoles se trouvent remplis.

On met ce miel dans des pots que l'on tient dans des lieux frais , sans être humides. La poussière des étamines , ou le peu de *cire* qui se trouve mêlée avec le miel , surnage par sa légèreté ; on enlève avec une cuiller ces subs-tances étrangères : enfin , les gâteaux les moins beaux , qui contiennent du miel avec beaucoup de *cire brute* , sont mêlés ensemble ; on les pétrit , et l'on en retire , par expression , le miel qu'on appelle *miel commun*.

Lorsqu'on a ôté le miel que les gâteaux contenaient , on met la pâte de cire dans l'eau claire , et l'on a soin de la remuer de temps en temps pour laver la cire , et dissoudre le peu de miel qui y reste adhérent.

La *cire* , séparée du miel , est purifiée et fondue en gros pains , comme on voit la *cire jaune* exposée chez les épiciers. La Champagne , l'Anjou , le Bordelais , la Sologne , nous fournissent de la *cire jaune*.

Dans cet état , on ne l'emploie qu'à frotter le plancher des appartemens , ou bien à donner du lustre à certains meubles. Il faut la blanchir , avant de la convertir en *bougie* : cette opération consiste à faire fondre la *cire jaune* dans une chaudière d'où elle coule à travers une *passoire* sur laquelle restent les impuretés dont elle était impré-gnée ; elle tombe alors dans une *greloire* , espèce d'auge percée , au fond , d'une cinquantaine de trous , disposés à égale distance. La *cire* , encore liquide , filtre par ces trous , et tombe en filets dans un cylindre de bois , d'environ un pied de diamètre , qui plonge de la moitié de son épaisseur dans une longue baignoire emplie d'eau. Un enfant fait tourner le tuyau , au moyen d'une manivelle. Chaque fil de cire fondue se fige , et forme sur la surface du tuyau , un lacet qui en est enlevé par l'action de l'eau, en y entrant : de sorte que la surface de l'eau se trouve toute couverte de ces cinquante rubans jaunes qui s'alongent continuellement. On les enlève avec une fourche de bois, et on les expose sur des claies couvertes de toiles ; ils y reçoivent les impressions de l'air, de la rosée et du soleil qui les décolore.

Quand la *cire* a acquis le premier degré de blancheur, on la porte dans un magasin où elle reste pendant un mois ou six semaines, pour qu'elle puisse fermenter ; ensuite on la remet à la chaudière, et on l'expose de nouveau au soleil ; cette seconde opération s'appelle le *réglerage* ; enfin, par diverses manœuvres qui diffèrent peu de celles que je viens de vous décrire, on parvient à faire prendre à la *cire* une blancheur éclatante ; alors elle est en état d'être employée pour faire de la *bougie*.

On fait des bougies de table et des bougies filées.

Pour fabriquer les bougies de table, on prépare des mèches, moitié coton, moitié fil blanc et lin, on les tord un peu, on les cire avec de la cire blanche afin de les égaliser sur toute leur longueur, et on les enferre par le bout avec un petit ferret de fer-blanc placé vers le collet de la bougie ; ce ferret couvre l'extrémité de la mèche, et empêche la cire de s'y appliquer. Quand les mèches sont enferrées, on les colle chacune séparément, par le côté opposé au collet, à des bouts de ficelle qui sont attachés autour d'un cerceau, suspendu au-dessus d'une poêle, où l'on tient de la cire en fusion pour coller. Quand toutes les mèches sont appliquées autour du cerceau, on les *jette*, l'une après l'autre, jusqu'à ce que la bougie ait acquis la moitié du poids qu'elle doit avoir, c'est-à-dire qu'on verse doucement, avec une cuiller de fer, de la cire sur les mèches, au-dessous de leur extrémité supérieure, de sorte que coulant du haut en bas sur les mèches, elles s'en trouvent entièrement couvertes ; on ôte la bougie du cerceau, on la met entre deux draps avec une petite couverture par-dessus, pour la tenir molle et en état d'être travaillée, ensuite on la retire d'entre les draps, on répand un peu d'eau sur une table bien unie et bien propre ; on la roule sur cette table avec le *rouloir*, outil de buis plat et uni par-dessous ; après cette opération, on coupe la bougie du côté du collet, on ôte le ferret, on lui forme la tête avec un couteau de buis, et on l'accroche, par le bout de la mèche qui est découvert, à un autre cerceau garni sur sa circonférence de cinquante crochets de fer. Quand le cerceau est garni de bougies, on leur donne trois demi-jets par en bas, puis des jets entiers, jusqu'à ce qu'elles aient le poids desiré. Après le dernier jet, on décroche la bougie; on la remet entre les draps, sous la couverture; on l'en retire pour la repasser au rouloir; on la rogne par le bas avec un couteau de buis; on l'accroche de nouveau à des cerceaux de fer, et on la laisse sécher. La bougie de table est de différentes grosseurs : il y en a depuis quatre jusqu'à seize à la livre.

La *bougie filée* s'appelle ainsi parce qu'on lui donne le juste degré de grosseur qu'elle doit avoir, en la faisant passer par une *filière*, machine de cuivre où il y a différens trous. Cette bougie est blanche ou jaune, selon le prix qu'on se propose de la vendre; on la plie en petits pains ronds, ou on lui donne telle forme que l'on veut.

On désigne sous le nom de *ciriers* tous ceux qui font commerce de cire, et qui fabriquent ou font fabriquer de la bougie, des cierges, des flambeaux et des torches.

La *chandelle* se fait principalement avec la graisse que les bouchers tirent des animaux qu'ils tuent. Après que cette graisse a été fondue, ils en forment des pains qu'ils vendent aux *chandeliers*. En cet état elle se nomme *suif*.

La préparation de la *chandelle* consiste principalement dans le mélange exact de moitié *suif* de mouton ou de brebis avec moitié *suif* de bœuf ou de vache; et ces matières, fondues, servent à enduire une mèche formée de plusieurs brins de fil de coton grossièrement filés et tortillés ensemble.

Les chandelles sont ou *plongées* ou *moulées* ; les chandelles *plongées* sont des mèches qu'on a suspendues à des baguettes, et trempées à plusieurs reprises dans un vaisseau long, étroit et profond, nommé *abîme*, et qu'on tient toujours plein de suif fondu. Ces chandelles s'y forment par différentes couches, étant tour à tour plongées et mises à l'air jusqu'à ce qu'elles aient la grosseur et la fermeté requises.

Les chandelles *moulées* sont jetées et façonnées en un instant dans un moule de métal, soit de plomb, soit de fer-blanc ou d'étain. La tige du moule est posée la tête en bas, et arrêtée dans un des trous dont est percée la table de travail. A l'aide d'une aiguille de fer, on y introduit une mèche qui sort d'un côté par la petite ouverture de la tête ou du collet, et qu'on amène par l'autre bout de la tige, où sera le bas de la chandelle dans le *culot*, qui s'y emboîte. Ce culot est un petit entonnoir qu'on applique à l'extrémité ouverte de la tige. Le *suif* versé dans cet entonnoir s'échappe par son ouverture inférieure, et se distribue autour de la mèche, dans tout le vide du moule, où il se fige aussitôt. Le culot retiré, à l'aide de la mèche qui le traverse, entraine avec lui la chandelle. On sépare l'un de l'autre. La chandelle coupée net par le pied, est ensuite aérée comme la chandelle plongée.

Quand les chandeliers veulent perfectionner leurs chandelles, et les rendre bien blanches, ils les exposent pendant quelque temps à la rosée ou aux premiers rayons du soleil.

SEIZIÈME SOIRÉE.

Du Fer ; Moyens d'extraire le Minerai du sein de la terre, de le transformer en Fer ; et Emploi de ce Métal dans les Arts.

Parmi les métaux qui, par leurs importantes propriétés, jouissent de l'avantage de pouvoir être employés à de nombreux usages, le fer est sans contredit, mes enfans, celui dont l'utilité est la plus générale. Si, dans quelques circonstances, on peut le remplacer par d'autres métaux, il en est où cette substitution serait impossible, particulièrement lorsqu'il sert comme instrument tranchant. Cette propriété seule le rend tellement précieux et nécessaire aux besoins des hommes, que, dans tous les pays, il suffit que l'on s'en soit servi une seule fois, sous cette forme, pour qu'on l'échange contre des substances d'une grande valeur. Les sauvages, auxquels on fait connaître les propriétés du fer, s'exposent à toutes sortes de périls pour s'en procurer.

Chez les nations policées, il n'est point d'art qui ne lui emprunte ses instrumens. Le soc fécondant de la charrue, le burin du graveur, la lancette du chirurgien, le ciseau du sculpteur, l'aiguille de la lingère et l'alène du cordonnier sont en fer ; enfin, c'est encore à ce métal que nous sommes redevables de la boussole, qui dirige le marin dans ses courses lointaines, et dont l'importante découverte fut suivie de celle du Nouveau-Monde.

Extraction du Minerai
DE FER ET TRAVAIL DU FER

N.º 1. Intérieur d'une mine de Fer.

N.º 2. Treuil pour élever le minerai au jour.

N.º 3. Lavage du Minerai.

N.º 4. Haut Fourneau.

N.º 5. Forge.

Si , par ses nombreux usages, le fer est devenu indispensable aux hommes, la Providence s'est montrée géné-
reuse en leur faveur, en le répandant partout avec profusion. Il existe dans toutes les substances des trois règnes de
la nature ; il se trouve en masses ou mines très-considérables dans le sein de la terre. La plupart des pierres fines ,
si recherchées par leur éclat, lui empruntent les nuances variées dont elles brillent.

Ce métal est très-abondant dans les cendres de tous les végétaux. Il paraît que c'est par sa combinaison et par les
différentes modifications qu'il éprouve dans les fibres végétales , que sont produites les variétés de couleurs qui ornent
toutes les parties des plantes. Plusieurs substances animales contiennent du fer , et un grand nombre de physiciens
lui attribuent même la couleur rouge du sang.

Les minerais de fer sont variés. Les uns présentent un éclat métallique gris d'acier ; les autres , au contraire , tels que
les minerais les plus abondans en France , ont l'apparence d'une terre argileuse jaune, couleur de rouille , sans aucune dureté, et ne rappelant nullement l'idée de fer. Chacune de ces espèces de minerai exige des travaux différens,
pour en retirer le fer qu'ils contiennent. Je vous indiquerai succinctement les procédés suivis en France.

Les minerais de fer se trouvent, ou à la surface de la terre , ou cachés dans son sein ; dans le premier cas, ils ne sont
recouverts que de quelques pieds de terre végétale , et il suffit, pour les exploiter, d'une simple tranchée à ciel ouvert.
Le plus ordinairement il faut s'enfoncer assez profondément pour parvenir au minerai; alors on perce un puits semblable à ceux que vous voyez dans nos jardins, seulement la largeur et la profondeur en sont beaucoup plus grandes. Les
pierres ou roches qu'on doit traverser pour approfondir le puits étant souvent fort dures, le pic et le coin ne suffisent
pas pour ce travail , et l'on est obligé de miner le rocher , opération qui consiste à faire un trou avec une espèce de
ciseau d'un à deux pieds de long, et d'un pouce ou deux de diamètre ; ensuite on remplit ce trou à moitié de poudre,
on le bourre avec de la terre, en ayant soin d'y laisser une petite ouverture pour y introduire la mèche, morceau de
coton soufré, dont la longueur doit être assez grande pour que l'ouvrier ait le temps de se mettre à l'abri de l'explosion.

Les fragmens de rochers détachés par la mine sont mis dans une tonne, et sont élevés à la surface du sol au moyen

13

d'un *treuil*, ou moulinet placé au haut du puits, comme vous pouvez le voir dans la gravure. L'ouvrier continue ainsi à approfondir le puits jusqu'à ce qu'il soit arrivé à la masse de minerai ; alors il fait des excavations dans différens sens.

Le minerai extrait du sein de la terre est rarement pur. Assez ordinairement il se trouve mélangé avec le rocher, et souvent même tellement surchargé de boue, qu'on ne peut que difficilement l'apercevoir. Il faut, avant de le fondre, le séparer de ces différentes impuretés. Pour enlever la terre qui le recouvre, on le lave dans un courant d'eau, s'il en existe un à proximité de l'exploitation. Dans le cas contraire, on se sert, pour ce lavage, de cribles de forme carrée ou circulaire, composés de fils de fer entrelacés les uns avec les autres, à la manière des tissus de toile. Ces cribles, remplis de minerai boueux, sont plongés dans des cuves pleines d'eau. Par ce moyen, le minerai se trouvant débourbé, on peut aisément le distinguer de la pierre qui l'accompagne ; on l'en sépare en partie en le cassant avec un marteau. Le minerai trié est mis à part, pour être transporté à la fonderie. Avant de vous indiquer la manière de le fondre, je vais, mes enfans, vous donner quelques notions sur la forme et sur la construction des fourneaux employés à ce travail.

Les fourneaux destinés à fondre le fer portent le nom de *hauts fourneaux ;* ce sont de grands massifs de maçonnerie, des espèces de tours de vingt-cinq à soixante pieds, contenant dans leur intérieur une cheminée, dans laquelle on expose le minerai à l'action du combustible. Dans ce vide intérieur le combustible brûle, et, tant par son action que par celle du calorique qu'il dégage, le minerai est ramolli. Le métal se fond avec les matières terreuses qui l'accompagnent. Ces différentes parties tombent et se réunissent dans le bas du fourneau, où elles se séparent chacune suivant sa pesanteur. Le métal, plus lourd, se précipite au fond, et les matières terreuses fondues, ou *scories*, surnagent.

La forme intérieure des fourneaux est celle de deux cônes réunis suivant leur base, de manière que le milieu, qu'on appelle *ventre*, soit beaucoup plus large que les extrémités. C'est par la partie supérieure, ou *gueulard*, qu'on charge le fourneau. Les matières fondues se réunissent dans la partie inférieure ou *creuset*.

Quoique le vide intérieur du haut fourneau soit peu considérable, cependant le massif, ou muraille qui en forme les parois, doit être très-épais, en raison de la haute température à laquelle il est soumis. Il doit même être relié de distance en distance par de grosses barres de fer.

Ces massifs sont toujours percés de deux grandes ouvertures voûtées, auxquelles on donne le nom d'*embrásures*. L'une sert à faire couler la fonte, l'autre à introduire les soufflets qui doivent fournir l'air qui alimente la combustion. Ces deux ouvertures sont recouvertes par un hangar destiné à mettre les ouvriers à l'abri des injures de l'air.

Les fourneaux étant élevés au-dessus du sol, on construit un chemin incliné pour monter le minerai et le charbon au gueulard. Dans beaucoup de pays, on profite de la proximité d'une montagne pour éviter la construction de ce chemin incliné; et pour arriver plus commodément au haut du fourneau, on l'adosse à la montagne.

Les hauts fourneaux doivent reposer sur des fondations solides, et il faut apporter le plus grand soin au choix des matériaux qui entrent dans la construction de l'intérieur du fourneau. Sans cette précaution, il se dégraderait promptement, et l'on serait obligé de cesser la fonte.

L'approvisionnement en minerai et en combustible étant fait pour toute la campagne, on commence à fondre, en ayant soin, avant de charger en minerai, d'allumer du feu pendant au moins quinze jours dans le fourneau, afin de le sécher et pour élever peu à peu sa température. Quand on juge que le massif est assez échauffé, on remplit le fourneau de charbon, et l'on met la première charge de minerai. A mesure que le charbon se consume, on ajoute par le gueulard des charges successives de minerai et de charbon, de manière qu'une couche de minerai soit toujours entre deux couches de charbon. On fait aller les machines soufflantes. Le métal fondu coule à travers le charbon, et tombe dans le creuset, qui doit être entouré de terres fondues; sans cela, le fer brûlerait en passant devant les soufflets; aussi, lorsque le minerai ne contient pas assez de fondans, on a soin d'y ajouter de la chaux, pour en augmenter la fusibilité.

Lorsque le creuset est rempli de fonte, on arrête les soufflets; on puise la matière avec une grande cuiller en fer, et on la verse dans des moules qui ont la forme des objets que l'on veut obtenir.

13 *

Le fer retiré des hauts fourneaux est cassant, et ne peut servir que pour des objets qui ne doivent pas éprouver de grandes résistances. En cet état, on l'appelle *fonte ;* pour la transformer en fer pur, il faut lui faire subir une opération.

Ce travail s'exécute dans les usines appelées *forges ;* elles sont composées d'un ou de plusieurs petits fourneaux à raffiner le fer, et d'un gros marteau du poids de douze cents à deux mille livres, qui sert à le forger quand il est ramolli.

Le fourneau a beaucoup d'analogie avec la forge des forgerons ordinaires, qu'il vous sera facile d'examiner en entrant chez un serrurier ; seulement la sole est un peu plus large, et présente un enfoncement, nommé *creuset,* de deux pieds à deux pieds et demi en carré, dans lequel la fonte se réunit à mesure qu'elle coule.

Le marteau est mu par un courant d'eau.

Pour *affiner* le fer, on remplit d'abord le fourneau de charbon, on met la fonte sur la sole du fourneau, et on fait aller les soufflets. La fonte se fond peu à peu, et coule goutte à goutte dans le creuset ; les scories qu'elle contenait se séparent, et forment une couche de verre terreux qui recouvre le métal. On brasse la fonte avec de grandes barres de fer nommées *ringards,* de manière qu'elle soit exposée à l'action des soufflets. Bientôt elle s'affine, sa fusibilité diminue ; elle forme alors une masse pâteuse au fond du creuset : on la retire, et on la porte sous le martinet, pour être *cinglée,* opération qui a pour but de chasser les scories qui sont interposées entre les molécules de fer, et de les rapprocher entre elles. Après avoir été cinglé, le fer est de nouveau chauffé dans le même fourneau, puis forgé en barres. C'est dans cet état qu'il est versé dans le commerce, et livré aux ouvriers qui doivent le mettre en œuvre.

Parmi ces différens ouvriers, *le serrurier* est celui dont l'art a le plus d'extension, et celui qui exige le plus de connaissances. Il fabrique tous les ouvrages de fer forgé qui sont nécessaires dans les bâtimens, et tous ceux qui entrent dans la construction des machines de toute espèce. Il faut qu'il connaisse et sache employer les différentes qualités de fer, et qu'il ait quelques notions du dessin, pour les ouvrages qui demandent du goût, et où la richesse des ornemens doit se trouver réunie à la solidité.

De tous les ouvrages de serrurerie, celui dont l'usage est le plus important, et qui demande le plus d'habileté dans un ouvrier, c'est, sans contredit, la serrure. Elle exige même, dans quelques cas, l'application de la mécanique, surtout pour la fabrication du genre de serrures, où, d'un seul coup de clé, on imprime le mouvement à une infinité de pènes, qui, s'élançant en même temps, dans différens sens, font à la fois plusieurs fermetures.

Les serruriers de Paris ne confectionnent guère que des serrures de prix ; ils achètent les autres toutes faites, chez les marchands quincailliers, et ils ne font que les mettre en place : pour faire cette opération avec justesse et propreté, il faut qu'ils aient acquis une certaine habitude de travailler le bois, et la pierre qu'ils sont souvent obligés d'entailler.

Je ne vous donnerai aucun détail sur l'art du serrurier que vous êtes à même d'observer tous les jours ; je vous dirai seulement que les principales pièces de son atelier sont, la forge, l'enclume, le marteau, les tenailles, l'étau et la lime.

DIX-SEPTIÈME SOIRÉE.

De L'Acier ; de sa Fabrication, et de son Emploi.

L'ACIER est un fer combiné avec un peu de charbon ; refroidi lentement, il jouit de toutes les propriétés du fer doux ; mais il en diffère principalement par la dureté qu'il acquiert lorsqu'on le plonge, rouge, dans l'eau. Il peut alors servir à couper les substances les plus dures : cette propriété l'a fait regarder pendant long-temps, comme un métal particulier, et cette erreur est encore accréditée parmi beaucoup de personnes peu versées dans les arts : à la vérité, certains minerais donnent de l'acier directement, tandis que les autres donnent du fer qu'il faut transformer en acier, par une opération postérieure. Le premier s'appelle acier de forges ; il présente des parties dures et tendres ; il est employé à la fabrication des instrumens aratoires. Le second est l'acier de *cémentation*.

La découverte de l'acier de forges remonte à la plus haute antiquité ; celle de l'acier de cémentation est plus moderne ; mais on ne connaît ni le lieu, ni l'époque précise à laquelle ce travail a pris naissance ; on sait seulement que des ouvriers étaient parvenus à durcir la surface du fer forgé , et à le rendre propre à supporter la trempe , en plaçant dans des caisses de tôle , le fer qu'ils voulaient *aciérer ;* ils l'entouraient de toutes parts , avec des compositions différentes , dans lesquelles le charbon était la substance essentielle. Ils fermaient hermétiquement ces caisses , et les plaçaient dans un feu de forges, où ils leur faisaient subir une très-haute température ; ils retiraient ensuite les caisses , les ouvraient , et jetaient les morceaux de fer rouge dans l'eau. On donnait , et l'on donne encore à cette opération, le nom de *trempe en paquet.* Bientôt on chercha , en continuant l'opération de la trempe en paquet , à transformer tout le fer en un véritable acier , et l'on a donné à ce travail le nom de *cémentation.*

Les fourneaux employés dans ce travail , sont composés d'une sole dont la forme est un carré alongé , élevé de trois pieds au-dessus de terre , et surmonté d'un dôme , percé en son milieu , pour laisser échapper la fumée , et pour exciter la combustion. Une caisse en briques , de six pouces à un pied de largeur , et de deux à trois pieds en longueur , est placée sur la sole du fourneau : c'est dans cette caisse que sont mises les barres de fer , qui doivent être aciérées ; on étend d'abord , au fond , une couche de charbon pulvérisé , de six pouces d'épaisseur ; on range , dessus , un lit de barres de fer , qu'on recouvre d'une seconde couche de charbon : on fait ainsi alterner plusieurs lits de charbon et de barres de fer , jusqu'à ce que la caisse soit presque pleine ; on finit de la remplir avec de la terre et du sable ; sans cette précaution, le charbon qui entoure les barres de fer , brûlerait , et l'opération ne réussirait pas. Aussitôt que la caisse est remplie , on met le fourneau au feu, et on le chauffe pendant plusieurs jours , jusqu'à ce que le fer soit entièrement *cémenté ;* alors on cesse le feu. Çette opération dure , de cinq à quinze jours, suivant la grandeur du fourneau.

Aussitôt que le fourneau est refroidi, des ouvriers entrent dedans, enlèvent le sable qui recouvrait le cément, puis les barres d'acier. Dans l'opération de la cémentation, la surface des barres étant en contact avec le charbon , est plus cémentée que l'intérieur ; il en résulte que cet acier n'est pas homogène , et quoique très-bon dans beau-

107

N.º 1. Forge.

N.º 2. Cylindres pour étirer le Fer.

Travail
DE
l'Acier

N.º 3. Travail des Aiguilles.

coup de cas, il en est d'autres qui exigent un acier d'un grain plus égal ; pour l'obtenir, on fond l'acier cémenté dans un creuset, et on le coule dans une lingotière. Cet acier, qu'on appelle *acier fondu*, est ensuite forgé avant d'être employé à la confection des outils.

Les ouvriers qui mettent l'acier en œuvre sont assez nombreux ; mais les opérations qu'ils lui font subir étant, dans beaucoup de cas, les mêmes à peu de chose près, je n'aurai à vous parler que d'un très-petit nombre d'arts. Je me bornerai à vous entretenir du *taillandier*, du *fabricant d'aiguilles*, et du *bijoutier* en acier, dont les travaux sont essentiellement différens.

Le *taillandier* emploie l'acier de forges de préférence à l'acier cémenté ; son atelier est, comme celui du serrurier, composé d'une forge, d'une enclume, d'un étau, de tenailles et de limes de diverses grosseurs. Il fabrique des instrumens très-variés ; les principaux sont les cognées, les ciseaux, les faux, et autres instrumens aratoires, qui ne diffèrent de ceux fabriqués par le coutelier, que par leur dimension.

Pour être employées à la fabrication des aiguilles, les barres d'acier doivent être passées à la filière, plaque d'acier percée de trous dont la grandeur diminue progressivement.

La barre d'acier est amincie à son extrémité, de manière à ce qu'elle puisse entrer dans le premier trou ; une tenaille, mue par une machine, la saisit, et la force de passer à travers ; on la fait passer ensuite par une seconde filière dont les trous sont plus étroits, pour l'alonger et pour l'amincir progressivement.

Après avoir traversé ainsi trois ou quatre ouvertures différentes de la filière, la surface du fil s'est beaucoup plus alongée que le centre, l'acier a perdu de sa ténacité, et devient cassant. Il se romprait si on l'étirait encore avant de le faire recuire, opération qui consiste à le chauffer dans une espèce de forge. Quand le fil a été recuit, il passe de nouveau dans des trous successifs de la filière, jusqu'à ce qu'il soit nécessaire de le recuire une seconde fois. Lorsque les fils commencent à devenir un peu fins, au lieu d'être étirés par des tenailles, ils s'enroulent sur des bobines.

Le nombre de trous de filière par lesquels l'acier passe pour être réduit en fil assez fin pour la fabrication des aiguilles , et le nombre des recuits varie suivant la qualité de l'acier qu'on étire. Il est des manufactures où le fil d'acier qu'on emploie a passé par quarante-quatre trous de filière , et a été recuit cinq fois.

Les fils d'acier destinés à la fabrication des aiguilles sont coupés en morceaux de la longueur de deux aiguilles. Un ouvrier appointe une cinquantaine de ces fils à la fois , en les roulant avec le pouce sur une meule. Pendant que celle-ci tourne , ces fils , appointés des deux bouts , sont coupés par le milieu , pour en former deux aiguilles ; puis on aplatit la tête au moyen d'un coup de marteau. La tête , ainsi préparée , est percée à l'aide d'un poinçon d'acier , et arrondie à son extrémité avec une lime. Dans ces diverses opérations , les fils d'acier ont été pliés ; on les redresse en les roulant sur une plaque de fonte avec une règle en fer.

Les aiguilles , ainsi dégrossies , doivent être trempées avant d'être polies. Pour les tremper , on les dispose sur une plaque de fonte , qu'on met dans le fourneau. Quand elles ont acquis le rouge nécessaire à la trempe , les plaques de fonte sont retirées du feu , et portées sur une cuve pleine d'eau froide , dans laquelle les aiguilles sont jetées en les éparpillant. La trempe donne aux aiguilles une très-grande dureté , et les rend cassantes ; aussi on leur fait éprouver un recuit pour diminuer l'effet de la trempe.

Les aiguilles trempées et recuites n'ont plus besoin que d'être polies pour être livrées au commerce. Pour effectuer cette opération , on place dans un morceau de toile de la matière à polir , et l'on met par-dessus plusieurs rangées d'aiguilles ; on les recouvre de nouvelle matière sur laquelle on place une seconde rangée d'aiguilles. Après avoir stratifié cinq couches d'aiguilles entre six couches de matière à polir , on arrose le tout d'huile de colza ; on forme avec la toile un paquet qu'on lie fortement par les bouts et par le milieu.

Ces paquets sont placés sur une table ; on les recouvre d'un plateau pesant quatre-vingts à cent livres , et l'on donne un mouvement de va et vient à ce plateau , qui , par sa pression , fait frotter les aiguilles avec la matière à polir. On délie les paquets , et on mélange les aiguilles avec de la sciure de bois dans un tonneau , qu'on tourne avec beaucoup de vitesse , afin de graisser leur surface. Pour séparer les aiguilles de la sciure de bois , il suffit de les vanner comme on vanne le blé.

Ce polissage est répété plusieurs fois, selon le poli que l'on veut donner à l'aiguille. Les aiguilles ordinaires sont polies dix fois.

On ne fabrique des aiguilles que dans quelques endroits, en Allemagne, en France et en Angleterre. C'est à l'Aigle, département de l'Eure, que sont les manufactures d'aiguilles de France. Elles rivalisent avantageusement avec les aiguilles anglaises, et ce sont même les seules qu'on emploie actuellement en France.

Quoique le but que je me suis proposé, en vous faisant parcourir les différens arts et métiers, soit principalement de vous donner des notions sur les arts utiles, je ne puis m'empêcher, pour compléter l'histoire de l'acier, de vous dire quelques mots sur les objets de luxe qu'on en fabrique, voulant vous montrer combien ce métal peut acquérir de valeur par le travail, et devenir alors un des plus beaux ornemens dont les femmes puissent se parer.

La bijouterie d'acier comprend un grand nombre d'objets confectionnés en acier poli, tels que peignes, boucles, chaînes de montres, etc., etc. Ces objets sont presque tous composés de brillans rapportés les uns à côté des autres, et formant des dessins ; ces brillans sont découpés avec des emporte-pièces, et les faces en sont taillées au moyen d'une meule, comme les faces des cristaux. Ils sont ensuite soudés sur des plaques d'acier, dont les dessins ont été faits en les estampant au moyen d'un balancier.

La meule ou la lime ont fait naître sur l'acier des aspérités qu'il faut enlever en le polissant, mais, pour qu'il prenne un beau poli, il est nécessaire qu'il ait acquis de la dureté par la trempe. Nous avons vu que cette opération consistait à chauffer dans une petite boîte de tôle, la pièce qu'on voulait tremper, et à la jeter rouge dans l'eau. Pour polir l'acier, il faut se servir de substances assez dures pour attaquer les particules d'acier, et diminuer les aspérités existantes à sa surface : l'émeri et le rouge d'Angleterre sont maintenant en usage. On les emploie en frottant les pièces à polir avec une brosse imprégnée de leur poussière, agglutinée avec de l'huile de colza, ou bien en les passant sur une meule garnie d'un cuir chargé d'émeri et d'huile. Ces meules sont mises en mouvement au moyen d'un tour.

On est assez généralement persuadé que, pour avoir de beaux ouvrages d'acier poli, il faut les tirer d'Angleterre : c'est une erreur sur laquelle je dois vous prévenir. Il est vrai que, pendant long-temps, ce pays a été seul en pos-

14

session de ce genre d'industrie ; mais , depuis une vingtaine d'années , elle a été naturalisée en France , et maintenant les bijoux d'acier qui sortent de nos manufactures ont un poli aussi fin que les objets fabriqués en Angleterre , et sont livrés au commerce à des prix plus modérés.

DIX-HUITIÈME SOIRÉE.

Des Usages des Terres ; de leur Préparation , et de leur Emploi.

L'ART de travailler les terres remonte à la plus haute antiquité. Il a précédé celui de fondre les métaux , et les anciens faisaient de très-beaux ouvrages dans ce genre, comme nous l'indiquent les urnes et les lampes sépulcrales qui se sont conservées jusqu'à notre temps. Cet art commença en Orient : ce ne fut que beaucoup plus tard, qu'il fut transporté en Occident ; mais il y parvint à un tel degré de perfection , que , du temps d'*Auguste* , les vases étrusques le disputaient, pour le prix, aux vases d'or et d'argent. Quoique cet art ait fait beaucoup de progrès depuis cette époque, les formes étrusques sont encore les plus recherchées ; seulement, on a substitué à la poterie, la porcelaine, qui a la propriété d'être demi-transparente , et de donner un vif éclat aux couleurs qu'on y applique. La porcelaine du Japon , pendant fort long-temps très-recherchée, a perdu de son prix, depuis que l'Europe possède, en ce genre, plusieurs manufactures importantes ; la plus célèbre est la manufacture royale de Sèvres , près Paris.

Je ne vous décrirai que très-succinctement le travail de la porcelaine, qu'on peut regarder , plutôt comme un objet de luxe que d'utilité , et je commencerai par vous exposer les usages les plus communs, et les plus utiles des terres.

Dans les pays où le combustible est à bas prix , et où la pierre à bâtir est rare , comme dans la Flandre , la plupart des constructions se font avec des briques , parallélipipèdes de terre , grossièrement moulées et cuites.

L'argile qu'on emploie dans cette fabrication , doit faire pâte avec l'eau , ne pas être sablonneuse , et pouvoir

Briqueterie & Poterie

N.º 2. Briqueterie.

N.º 3. Travail de la Poterie.

N.º 1. Travail des Terres.

N.º 4. Four de la Poterie.

supporter un grand degré de chaleur, sans se fendre. Celle qu'on retire de la carrière, se trouve toujours mélangée de cailloux dont il faut d'abord la séparer ; ensuite, on la réduit en petits morceaux, qu'on arrose avec beaucoup d'eau, et pétrit avec les pieds. Ce travail qui a pour but de donner du liant à la terre, se réitère plusieurs fois, jusqu'à ce que la terre soit homogène, conditions indispensables pour que la brique soit de bonne qualité, et ne se gerce pas au feu. La terre étant ainsi préparée, on la moule.

Le moule est un cadre en fer, de même dimension que celle que la brique doit avoir ; on le place sur une table saupoudrée de sable, pour que la brique ne s'y attache pas. L'ouvrier prend un morceau de terre préparé, le met dans le moule, et le tasse, pour qu'il en prenne exactement la forme ; il enlève l'excédant de terre, en passant sur la surface une petite lame de fer. Ces briques ainsi moulées, sont exposées pendant plusieurs jours à l'action du soleil, pour être desséchées : lorsqu'on juge que la dessiccation est assez avancée, pour que les briques puissent être cuites, on établit le fourneau, qui consiste en quatre murailles de briques, laissant au milieu un espace carré, dans lequel on met le combustible. L'intérieur de cette espèce de fourneau, est garni de briques cuites, afin que le feu ne fasse pas éclater celles qu'on veut cuire, et qu'elles ne soient pas écrasées par la charge. On recouvre ce fourneau d'une argile sablonneuse, pour concentrer la chaleur.

La cuisson d'une fournée dure plusieurs jours ; il faut avoir soin que le feu soit partout le même : quand on juge que l'opération est terminée, on cesse le feu, on laisse refroidir lentement le fourneau, après quoi on le défait, et l'on tire les briques, suivant leur degré de cuisson, chacune d'elles étant propre à des usages différens.

Les procédés employés pour faire les tuiles et les carreaux, objet d'un usage presque général dans la construction des maisons, étant, à peu de chose près, les mêmes que pour les briques, je passerai de suite à la fabrication de la faïence, qui exige beaucoup plus de soins dans le travail et dans le choix des terres.

L'argile employée pour la fabrique de la faïence doit être très-liante, et renfermer peu de parties ferrugineuses. Cette terre contenant toujours un peu de sable, on l'en sépare par le lavage, opération qui consiste à mettre la terre avec beaucoup d'eau dans de grandes cuves, et à la délayer en l'agitant. Par ce moyen, le sable se précipite au fond de

14 *

la cuve, et l'eau chargée d'argile coule dans des bassins (dont le fond est pavé et dont les côtés sont garnis de planches) où elle dépose l'argile. Lorsque la terre a perdu, par l'écoulement et par l'évaporation, une certaine quantité d'eau, on l'enlève à la pelle, et on en forme des tas isolés pour que, présentant plus de surface à l'air, sa dessiccation soit accélérée. Alors on la pétrit à la main, en ayant soin, pour qu'elle soit homogène, de la couper plusieurs fois en petits tas, et de la pétrir de nouveau.

La terre, ainsi préparée, est mise dans des caves; et ce n'est ordinairement qu'après un an qu'elle en est retirée, l'expérience ayant appris que la terre ainsi macérée acquiert plus de liant, et que les vases qui en sont fabriqués se fendent moins au feu.

Au sortir des caves, la terre est de nouveau pétrie et envoyée au mouleur, qui la façonne au tour, ou qui la moule. Le tour qu'on emploie à ce travail est composé d'un arbre de fer de quatre pieds, d'une petite roue de bois de sept à huit pouces de diamètre, posée horizontalement au haut de l'arbre. C'est sur cette pièce, appelée *givelle*, que l'ouvrier met la terre à tourner. Une autre roue plus grande, et placée aussi horizontalement, est attachée à l'arbre vers sa partie inférieure. L'ouvrier place un morceau de terre sur la roue supérieure et donne le mouvement au tour, en poussant la grande roue de dessous alternativement avec l'un et l'autre pied, et en lui donnant plus ou moins de vivacité, suivant qu'il convient à l'ouvrage. Il mouille ses mains et creuse le vase, en l'élargissant avec ses doigts par le milieu. Au moyen d'un morceau de fer plat, il en diminue l'épaisseur, et lorsque le vase est fini, il le détache de dessus la givelle avec un fil de fer.

La roue ne sert qu'à former le corps des vases; leurs moulures, leurs pieds, leurs anses, etc., s'il y en a, se font au moule et s'appliquent à la main.

Les ateliers de moulerie sont ordinairement garnis de planches, sur lesquelles on place les pièces moulées pour qu'elles se dessèchent peu à peu. Dans cet état, les poteries sont encore friables, et il suffit d'un léger choc pour les casser : il faut, pour leur donner cette solidité que vous leur connaissez, les cuire et les couvrir d'un émail.

Les fourneaux en usage pour la cuisson de la faïence ressemblent à des tours rondes de vingt-cinq à trente pieds de hauteur. On range dedans les pièces séchées ; et comme leur peu de solidité ne permet pas qu'on les pose les unes sur les autres, on établit de distance en distance des petits planchers mobiles composés de plaques de terre cuite supportées par des espèces de piliers également en terre cuite. Quand les pièces exigent des précautions, que le contact du feu peut les faire fendre, au lieu de les cuire à nu on les enferme dans une espèce d'étui en terre qu'on appelle *gazette.* Cette méthode, très-bonne pour la faïence fixe et pour la porcelaine, ne peut être employée pour la poterie grossière, parce qu'elle augmente beaucoup la dépense en combustibles, attendu qu'il tient moitié moins de pièces dans le fourneau, lorsqu'elles sont enfermées dans les gazettes, que lorsqu'elles sont disposées sur des planchers mobiles.

La cuisson de la faïence dure au moins deux jours. Le feu doit être conduit avec soin ; il faut qu'il soit faible dans le commencement, pour que les pièces ne soient pas saisies et ne cassent pas ; puis on l'augmente progressivement jusqu'à ce qu'il ait acquis le degré d'intensité qu'il doit avoir. On le maintient dans cet état pendant quelques heures, ensuite on le diminue peu à peu, et on le cesse. On ferme alors toutes les ouvertures du fourneau pour qu'il se refroidisse lentement ; quand il est entièrement froid, on débouche les ouvertures et l'on retire les pièces, qui, dans cet état, ont acquis la dureté qu'elles doivent avoir ; mais elles sont poreuses, et absorberaient les liquides qu'on y mettrait. Pour remédier à cet inconvénient, on les couvre d'un émail ou *couverte*, composé de plomb, d'étain et de sable frités ensemble. On réduit cet émail en poudre très-fine, et on le met dans l'eau. On y plonge alors le vase, qui absorbe l'eau et se charge d'émail. On laisse sécher cet enduit, et l'on expose de nouveau les pièces dans le même four où a été faite la cuite du biscuit, en ayant soin de chauffer graduellement pour que l'émail fonde également et ne coule pas. La faïence est alors blanche, opaque, et ne laisse rien apercevoir de la pâte.

La beauté de la faïence dépend, en grande partie, de la blancheur de la couverte. Le travail de la porcelaine a beaucoup d'analogie avec celui de la faïence ; seulement la terre dont elle est composée est différente et exige plus de chaleur pour cuire.

Les faïences sont assez ordinairement blanches ; mais on en fabrique qui sont ou peintes ou colorées. Pour les colorer, il suffit d'ajouter à l'émail la couleur qu'on veut donner à la faïence. La peinture sur faïence est très-grossière, et n'est presque plus en usage depuis qu'on est parvenu à fabriquer la porcelaine à un prix très-modéré.

La peinture sur porcelaine est très-difficile, parce que les couleurs que l'on emploie changent de nuances après qu'elles sont fondues, et que le peintre juge difficilement de leur effet.

Les couleurs dont on se sert habituellement pour ce genre de peinture sont le chrome pour la couleur verte, le cobalt pour le bleu, l'or pour le pourpre, et le fer pour certains rouges. Pour les employer, on les vitrifie, on les réduit en poudre; et afin d'en obtenir des nuances variées, on les mélange avec du verre dans différentes proportions. On les applique avec une dissolution de gomme, pour faciliter leur adhérence sur les vases que l'on peint. Lorsque les pièces de porcelaine ont été peintes, on les expose au feu dans un four particulier pour faire fondre les couleurs. Lorsque l'expérience a appris que la couleur a acquis la nuance que l'on désire, on diminue le feu par degrés, et l'on retire les pièces du fourneau lorsqu'il est entièrement refroidi. Ce genre de peinture est un des plus estimés, parce qu'il réunit à l'éclat des couleurs leur fixité, et il est porté en France à un tel degré de perfection, que nos vases de porcelaine peinte sont d'une grande valeur et recherchés dans toute l'Europe.

DIX-NEUVIÈME SOIRÉE.

Travail des Terres; Fabrication du Verre, des Cristaux et des Glaces.

L'ART du verrier est un des plus beaux présens de la chimie; il nous fournit des vases propres, commodes, et d'un usage tellement habituel, qu'ils nous sont devenus indispensables. Il nous fournit, en outre, les moyens de nous mettre à l'abri des injures de l'air, sans nous priver de la lumière. C'est par son secours que nous remédions au défaut de notre vue, et l'astronomie ne doit ses plus grands progrès qu'à l'art de la verrerie. Combiné avec certains

Verrerie Cristaux et Glaces

N°1. Intérieur d'une Verrerie.

N°3. Place où l'on fond les Glaces.

N°4. Coulage des Glaces.

N°2. Taille des Cristaux.

N°5. Polissage des Glaces.

métaux, le verre prend des couleurs différentes, et, comme le diamant, il jouit de la propriété de réfléchir la lumière avec des nuances variées, et imite les pierres précieuses. On ne sait pas l'époque à laquelle on a commencé à travailler le verre; on croit que cette invention est, comme plusieurs autres, due en grande partie au hasard : elle paraît être aussi ancienne que celle des briques et de la poterie. En effet, quand on a mis le feu à un fourneau à briques ou à poterie, il est bien difficile qu'il n'y ait pas quelques parties de vitrifiées.

Le verre est une matière transparente, colorée ou sans couleur, fragile et produite par la fusion des substances terreuses avec des substances alkalines. Les matières qui entrent dans sa composition sont de deux espèces ; les unes sont salines, et par conséquent fusibles ; les autres sont terreuses, et ne peuvent se réduire en verre tant qu'elles sont seules. Ces matières, traitées séparément, ne pourraient point faire de verre, mais il résulte de leur union. Leur proportion varie suivant la qualité des matières employées et du verre qu'on veut obtenir.

Outre les substances salines que l'on emploie pour faciliter la fusion des terres, on fait encore entrer dans la composition du verre blanc, qu'on appelle *cristal*, une certaine quantité de plomb à l'état de minium. Il accélère la vitrification des matières terreuses, et donne en outre, au cristal, de la solidité et de la douceur, ce qui permet de le tailler plus facilement.

Le travail des diverses espèces de verre étant, à peu de chose près, le même, je vous donnerai celui du verre à bouteilles, en vous indiquant succinctement les différences qui existent entre cette fabrication et celle du verre à vitres et des cristaux.

Les matériaux employés pour le verre à bouteilles sont très-impurs ; on choisit même de préférence du sable coloré par des matières métalliques, parce qu'il fond plus facilement, et la soude qui entre dans sa composition, conjointement avec le sable, est le produit immédiat de l'incinération des plantes. Pour le verre à vitres, au contraire, le sable doit être très-blanc et la soude lessivée. On mélange ces substances dans une proportion qui varie dans chaque établissement ; puis on les frotte avant de les fondre, opération dont le but est de calciner les sels et de chasser l'humidité du mélange, ce qui se fait dans une partie du fourneau.

Les fourneaux de verrerie ont la forme d'un carré alongé. Ils sont percés d'autant d'ouvertures ou *ouvreaux* qu'on doit y placer de creusets. Deux banquettes intérieures règnent le long des grands côtés , et au milieu est une grille sur laquelle on met le combustible. L'air arrive par-dessous la grille, et la fumée s'échappe par chaque ouvreau, ce fourneau n'étant pas surmonté d'une cheminée. Les creusets sont placés sur les banquettes et sont mis dans le fourneau, ainsi que le combustible, par deux portes pratiquées sur les faces étroites.

Le mélange fritté se met dans des *creusets*, espèces de pots circulaires de deux pieds à deux pieds et demi de hauteur sur un pied de diamètre. Il faut apporter un grand soin à la confection de ces creusets, et au choix de l'argile employée à cet usage. Elle doit être tout-à-fait infusible. Les creusets se font à la main ou dans des moules ; on les sèche très-lentement dans des étuves ; après quoi on les chauffe au rouge, de manière qu'ils ne se fendent pas quand on les introduit dans le fourneau. Les creusets ayant été remplis du mélange fritté, ainsi que je vous l'ai dit plus haut, on ferme chaque ouvreau, et l'on chauffe le fourneau en graduant le feu. Les matières fondent, se combinent ; l'humidité et les gaz, que le mélange contenait encore, se dégagent à mesure que le verre s'affine. Lorsque le verre est en état d'être employé, un ouvrier plonge dans le creuset un tube en fer (qu'on appelle *canne*) long d'environ cinq pieds, auquel il s'attache un peu de verre. Il le fait refroidir , et le plonge de nouveau dans le creuset, pour augmenter la quantité de verre qu'il a *cueilli*. L'ouvrier souffle alors dans la canne ; le verre s'étend et prend la forme d'un ballon : lorsqu'il n'est plus assez chaud pour s'étendre davantage, on chauffe le verre en le mettant à l'ouvreau, et on le souffle de nouveau. Quand le ballon a acquis la dimension nécessaire, on forme la partie intérieure de la bouteille en le mettant dans un moule, puis on y ajoute l'*anneau*. Les bouteilles sont alors très-minces ; mais, comme le verre se briserait au moindre contact s'il était refroidi promptement, on recuit le nombre de bouteilles provenant d'une fonte, dans un fourneau carré, d'une grandeur convenable. On entretient ce fourneau rouge pendant le temps qu'on y dépose les bouteilles ; après quoi on diminue le feu peu à peu, et on le bouche de manière à ce qu'elles se refroidissent lentement.

Lorsque le fourneau travaille en verres à vitres, on obtient des cylindres creux, ou *manchons*, en soufflant le verre ;

mais il faut deux opérations postérieures pour le transformer en carreaux. Dans la première , on coupe les deux extrémités du manchon , et on le fend au milieu au moyen d'un fer chaud que l'on promène suivant la ligne où l'on veut ouvrir le manchon. Dans la seconde , on étend le manchon ainsi fendu sur la sole d'un fourneau qu'on chauffe très-légèrement. Le verre se ramollit , et , au moyen d'une espèce de râble en bois , on l'étend ; il forme alors une plaque. On la pousse dans un second compartiment du fourneau , séparé du premier par un mur vertical ; on dresse le carreau contre la paroi , et l'on entasse ainsi les carreaux les uns sur les autres , jusqu'à ce que ce compartiment soit plein : alors on bouche le fourneau et on le laisse refroidir lentement , pour que le verre ne soit pas cassant.

Le travail des cristaux exige plus de précautions que celui des verres à vitres. Les creusets dans lesquels on fond le mélange doivent être fermés , pour que les vapeurs n'altèrent pas le plomb qui entre dans sa composition. Lorsque le cristal est fondu , on le souffle ou on le moule , suivant la vase qu'on veut obtenir ; ensuite on le recuit. Les cristaux sont souvent livrés au commerce dans l'état où ils sortent de la fonderie ; mais souvent aussi , pour profiter de la propriété qu'ils ont de réfléchir la lumière dans différens sens , et avec des nuances vives et variées , on les taille avec la roue par des procédés analogues à ceux employés pour le diamant et les pierres précieuses.

Il me reste encore à vous entretenir de la fabrication d'un genre de verre , dont l'invention est une des plus brillantes. A l'aide d'une feuille d'étain , les glaces nous présentent la peinture fidèle d'une infinité d'objets , que , souvent , il nous serait impossible d'apercevoir dans le moment : elles en multiplient les images , et répandent de la clarté dans les endroits obscurs. Les glaces nous venaient autrefois de Venise : il n'y a que peu d'années , que cette fabrication a été naturalisée chez nous , et la France en fournit aujourd'hui à toute l'Europe.

La soude et le sable dont la combinaison forme le verre de glace , doivent être purs. Pour obtenir la soude dans cet état , on la lessive avec soin , et on la calcine , pour en chasser l'eau qu'elle contenait. Le sable qu'il faut choisir très-blanc , est lavé , à plusieurs reprises , jusqu'à ce que l'eau en sorte claire ; ensuite , il est réduit en poussière , sous une meule. Le four dans lequel on fond les glaces , est semblable à celui des verreries , seulement , entre les ouvreaux par lesquels on met la matière dans le creuset , il y en a d'autres pratiqués à fleur de terre , qui se ferment

15

par une dalle. Cette différence dans la construction du fourneau , provient de ce qu'on emploie dans ce travail , des creusets de deux dimensions : les grands renferment la quantité de verre nécessaire à la confection de plusieurs glaces , tandis que les petits ou *cuvettes* , placés à côté des premiers , sont destinés à ne contenir du verre que pour une seule glace.

Le mélange étant mis dans les grands creusets , se fond et s'affine ; alors un ouvrier puise de la matière fondue dans le grand creuset , au moyen d'une cuiller en fer , et la verse dans le petit : lorsqu'il est plein , on ôte la dalle qui ferme l'ouvreau intérieur qui y correspond , et au moyen *d'un diable* , espèce de fourche en fer , de quinze à vingt pieds de long , monté sur des roues , on retire le creuset du fourneau , et on le porte près de la table de fonte , sur laquelle la glace doit être coulée; au moyen d'une grue , on élève le creuset , et l'on verse le verre fondu sur la table : un rouleau en fonte , qui se promène sur toute la longueur de la table , en s'appuyant sur ses deux rebords , de même épaisseur que celle que doit avoir la glace , force la matière à s'étendre , et à former une surface plane. La glace ainsi coulée , et étant solidifiée , est poussée dans un four de niveau avec la tête de la table , lequel peut contenir plusieurs glaces ; quand il est plein , on le ferme hermétiquement , pour que les glaces se refroidissent lentement. Au bout de quinze jours , on les retire du fourneau , et on les transporte à l'atelier , où l'on doit les polir , opération qui se divise en deux , le *dégrossi* et le *poli*.

La glace brute qu'on veut dégrossir , est scellée horizontalement sur une pierre de liais ; on place , par-dessus , une autre glace qui doit également être dégrossie ; cette dernière est chargée d'un poids , pour qu'elles puissent frotter l'une sur l'autre : on met entre elles deux , du sable très-fin , qu'on humecte; on fait glisser la glace supérieure sur l'inférieure , de manière que , par ce frottement , elles se dégrossissent en même temps.

On achève de polir les glaces , en les frottant avec de l'émeri , en poudre très-fine , au moyen d'une planche garnie de feutre ; cette planche est mue à la main , ou par une machine.

Les glaces ainsi polies peuvent servir à beaucoup d'usages ; mais lorsqu'on veut les employer comme miroirs , il faut les mettre *au tain* , ou *à l'étain*. Pour cela , on étend sur une grande table de pierre , bien dressée , la feuille

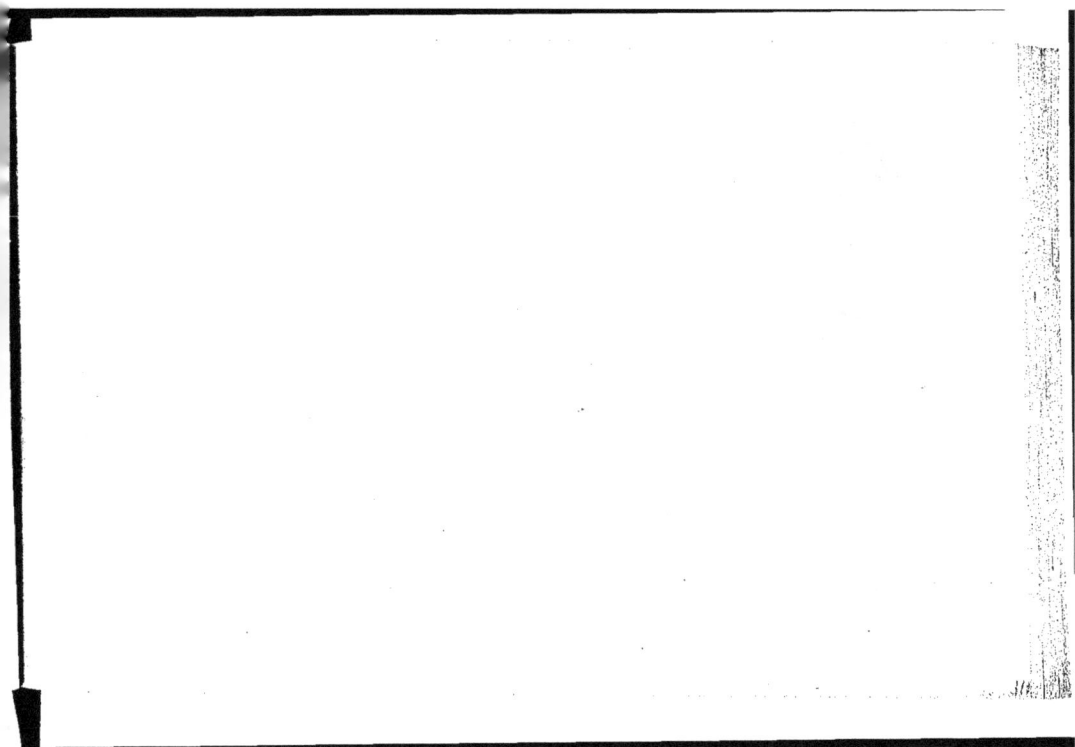

Aménagement et Emploi du Bois.

N.º 5. Bucherons.

N.º 2. Chantier d'un Charpentier.

N.º 3. Charpentiers en batimens.

N.º 4. Atelier d'un Menuisier.

Construction d'un Vaisseau.

d'étain qui doit servir à étamer la glace ; on verse dessus une couche de mercure, et l'on fait glisser la glace sur cette couche, de manière à enlever la partie supérieure de ce métal ; on charge la glace d'un poids considérable, mais également réparti sur toute sa surface, pour que l'excédent du mercure s'écoule, et que la glace soit en contact avec la feuille d'étain qui s'y attache : on laisse la glace, ainsi chargée, pendant plusieurs jours, jusqu'à ce qu'elle adhère bien à l'étain ; alors, on enlève les poids, et on l'ôte de dessus la pierre, pour la porter égoutter sur *la table à égout.*

Cette table, faite de fortes planches, porte une rainure, et des crochets en fer à ses quatre angles : on place la glace dessus : la table, d'abord horizontale, est un peu relevée tous les jours, de manière qu'au bout de quinze, elle est presque verticale. Pendant ce temps, la glace abandonne le peu de mercure coulant qui lui restait, et elle est alors prête à orner nos salons.

VINGTIÈME SOIRÉE.

De l'Habitation de l'Homme ; Emploi du Bois pour construction.

L'HOMME, dans l'état de pure nature, sans autres guides que l'instinct et ses besoins, fatigué sans doute de l'exercice qu'il est obligé de faire pour se procurer des alimens, choisit pour se reposer un gazon dont la verdure plaît à ses yeux. Il ne songe qu'à jouir en paix des présens de la nature. Rien d'abord ne semble lui manquer ; mais bientôt l'ardeur du soleil, qui le brûle, l'oblige à chercher un abri sous l'ombrage des arbres ; l'humidité qui s'échappe de la terre le contraint ensuite à se réfugier dans une caverne, où bientôt les bêtes féroces menacent de l'assaillir : il quitte encore cette sombre retraite ; il va dans la forêt voisine, abat quelques branches qu'il destine à construire une cabane; il en choisit quatre des plus fortes qu'il plante verticalement, et sur lesquelles il en place d'autres un peu inclinées qui se rejoignent en un seul point ; il recouvre cette espèce de toit de feuilles assez serrées pour que ni la pluie, ni le soleil ne puissent

15 *

y pénétrer; mais, souffrant encore de l'humidité et de la chaleur dans sa demeure ouverte de toutes parts, il remplit l'entre-deux de petites branches entrelacées, ensuite de planches et de lattes, dès que son industrie lui fait découvrir l'*art de débiter le bois*, et il possède enfin une habitation dans laquelle il se trouve à l'abri de toutes les intempéries des saisons. C'est, vous le voyez, mes enfans, à l'usage du bois, et à l'industrie du *charpentier*, que nous devons la méthode le plus anciennement et la plus universellement pratiquée pour la construction de nos maisons. Plus tard on y employa l'argile, la terre grasse et la pierre, ce qui fut l'origine de la *maçonnerie*. Les Égyptiens sont les premiers peuples qui en ont fait usage. Dans les lieux où l'on manquait de pierres, on se servait de terre cuite, d'où prit naissance l'*art du briquetier*.

Le peu de solidité des ouvrages en bois mit de plus en plus la maçonnerie en vogue, soit pour la construction des habitations particulières, soit pour celle des monumens publics. La société y gagna doublement. Les logemens devinrent plus commodes, et le bois, si nécessaire à la navigation et à la cuisson de nos alimens, fut épargné ; cependant il en entre encore beaucoup dans nos édifices; quelquefois il en fournit la carcasse entière, ce qu'on nomme la *cage*. Elle est ensuite remplie de maçonnerie légère. On ne peut se passer des secours du bois pour faire la division des étages. Il est indispensable pour conserver le tout par le maintien du comble, et pour empêcher l'écartement du mur; dans ce dernier cas, le *forgeron* le fortifie par de fortes attaches en fer.

Quand on n'a point la facilité ou la volonté de faire des fondemens profonds, on se contente alors de la solidité que peut avoir le bâtiment en bois, par les liaisons qui forment un toit de différentes pièces; et le terrain s'en trouvant peu chargé, obéit moins qu'il ne ferait sous le poids d'une maçonnerie en pierre qu'on y voudrait asseoir sans le fonder sur le ferme.

Lorsqu'au contraire, on veut asseoir un fondement stable dans un terrain mouvant, ce qui arrive souvent dans la construction des ponts, on a encore recours au bois, qui assure une solidité inébranlable à la maçonnerie. Les pilotis qu'on enfonce dans ces terrains à grands coups de mouton, portent leur pied jusque sur le tuf, et de leurs têtes, conjointement arrêtées à la même hauteur, ils soutiennent le fardeau d'un édifice immense.

Je vous ai montré l'origine, les progrès et l'emploi de la *charpenterie* et de la *maçonnerie* : ces deux arts, conjointement avec celui du *forgeron*, s'entr'aident dans la construction de presque tous les édifices, de quelques genres qu'ils soient, et ils sont, pour ainsi dire, devenus indispensables les uns aux autres.

Le *briquetier*, qui fournit les tuiles pour mettre la maison à l'abri de la pluie ; le *menuisier*, qui pose les portes, pour garantir les habitans des maisons des injures de l'air ; et le *verrier*, qui fabrique les carreaux qui, pour donner à un appartement tout l'éclat du grand jour, et en éloigner les vents, achèvent l'ouvrage du maçon et celui du charpentier.

Nous avons déjà étudié les arts du *forgeron*, du *briquetier* et du *verrier*; je vais vous parler de ceux du *charpentier*, du *menuisier* et du *maçon*; mais je commencerai par vous faire connaître les moyens employés pour leur procurer les matériaux qu'ils mettent en œuvre.

Le *bois*, si nécessaire pour la construction des bâtimens, sert à d'autres usages qui en augmentent beaucoup la consommation; aussi, chez tous les peuples, on a toujours attaché une grande importance à la plantation, à la culture et à la conservation des forêts et des bois. Quoique tous ces détails soient d'un grand intérêt, je n'y entrerai point, mes enfans, parce qu'ils sont étrangers au but que je me propose en ce moment, et je ne considérerai le *bois* que relativement à son emploi dans les constructions.

De tous les bois dont on se sert dans la charpenterie, il en est qui ne peuvent se conserver à l'air, parce qu'ils se fendent ou qu'ils s'altèrent par l'action successive de la chaleur, du froid ou de l'humidité. La connaissance des différentes qualités de bois est donc indispensable pour un *charpentier*, et il doit les choisir suivant l'usage auquel il les destine. Il faut qu'il prenne garde, non-seulement à l'espèce de bois, mais aussi à l'âge auquel on l'a coupé, ce qui influe beaucoup sur sa qualité ; il n'est pas moins dangereux de laisser trop vieillir les arbres que de les couper trop jeunes, puisque, dans le premier cas, le bois n'a plus ni force, ni vigueur, et que, dans le second, il est trop tendre.

Le chêne est, de tous les bois, le plus généralement employé dans la charpenterie. Autrefois on se servait beaucoup de châtaignier et de sapin. Le premier est très-bon, mais il est devenu rare; quant au sapin, dont la légèreté est favorable pour la toiture, il a été entièrement abandonné, parce qu'étant faible et spongieux, il se pourrit promptement.

On divise le bois de charpente en deux espèces. L'un est le *bois de brin*, qui, demeurant dans sa grosseur, est équarri sur les quatre faces; c'est celui avec lequel on fait les grosses pièces de bois appelées *poutres;* l'autre est le *bois de sciage*. On refend ce dernier à la scie pour en faire des chevrons, des solives, des madriers et des planches. Il est moins solide que le précédent, mais aussi on l'emploie dans des places où il a moins à supporter.

Le bois de brin est équarri à la cognée ou à la scie. On trace d'abord sur sa surface, les lignes suivant lesquelles on doit le couper; ce qui se fait au moyen d'un cordeau, que l'on frotte de craie ou de crayon noir. Après l'avoir tendu le long de la pièce de bois, on le tire par son milieu; le cordeau retombe avec rapidité, se dépouille d'une partie du noir dont il était revêtu, et marque sur la pièce une ligne qui doit servir de guide à l'ouvrier chargé de l'équarrir; opération qu'on exécute, soit en la charpentant d'un bout à l'autre avec une cognée, soit en la débitant à la scie. Cette seconde méthode est la plus généralement usitée, parce qu'elle est économique non-seulement sous le rapport de la main d'œuvre, mais en ce que les plaques de bois qu'on lève peuvent encore servir à faire des planches, tandis que, dans l'autre cas, elles sont réduites en copeaux.

Les *scieurs de long*, chargés de débiter le bois, posent la pièce sur deux tréteaux, où ils l'arrêtent avec des crampons en fer; ensuite, au moyen d'une très-grande scie, ils refendent la pièce. Deux ouvriers sont occupés à ce travail; l'un, monté sur la pièce, élève la scie, l'autre, placé au-dessous, tire la scie à lui. Quand on peut diviser l'arbre en plusieurs madriers, ou en plusieurs planches, on y procède au moyen de machines qui font marcher à la fois un grand nombre de scies; ce qui apporte beaucoup d'économie dans la main d'œuvre.

Chaque scie est composée d'un châssis sur lequel sont montées plusieurs lames, laissant entre elles une distance égale à l'épaisseur que doivent avoir les planches ou les madriers. Une manivelle, mue par une roue à eau, par un manége ou une machine à feu, élève et abaisse les scies qui refendent la pièce de bois; elle est placée sur un châssis mobile qui glisse le long des deux madriers, au moyen d'une roue dentée qui force la pièce de bois à avancer de l'épaisseur d'un trait de scie à chaque mouvement.

Le bois ainsi débité est mis en magasin, pendant plusieurs années, avant que d'être travaillé par le *charpentier* ou par le *menuisier*, parce qu'il est susceptible de se fendre ou de gauchir tant qu'il contient de l'humidité.

Dans quelques pays où le climat est chaud, on fait encore des cabanes toutes en bois; mais, comme en Europe on est dans l'habitude de l'allier avec la pierre, je vous décrirai les différens matériaux usités en maçonnerie, avant que de passer à la manière de les mettre en œuvre pour en élever des bâtimens. Néanmoins, le bois étant employé seul dans la construction des vaisseaux, qu'on peut regarder comme des maisons flottantes, je vous donnerai préalablement quelques détails sur ce genre d'industrie, si important aux relations commerciales.

Si le bois nous est devenu presque indispensable par ses usages multipliés dans la bâtisse de nos demeures, il est impossible de le remplacer pour la construction des vaisseaux. Sa légèreté le faisant flotter naturellement sur l'eau, la première idée qu'on ait eue à ce sujet a probablement été d'en lier plusieurs pièces ensemble et d'en former des radeaux, auxquels ont sans doute succédé les pirogues, ou troncs d'arbres creusés par le feu. Les arbres assez gros pour ce genre de bâtimens étant fort rares, on a cherché à les imiter par l'assemblage de différentes pièces de bois. L'art de la navigation s'étant considérablement étendu, il a fallu donner aux bâtimens des dimensions plus grandes, et les ponter pour empêcher l'eau de s'y introduire. Après bien des tâtonnemens et un grand nombre d'expériences, on a reconnu que la forme actuelle des vaisseaux est la plus favorable. Elle consiste en une longue pièce de bois qu'on appelle *quille*, sur laquelle sont assemblées perpendiculairement deux longues files de chevrons courbés, qui s'y réunissent de part et d'autre comme les côtes se réunissent à l'échine, dans le corps humain. C'est là proprement la carcasse du vaisseau, que l'on revêt ensuite de madriers. On sépare ce vaisseau dans sa hauteur par un, deux ou trois planchers, qu'on appelle *ponts*. L'espace compris entre la quille et le premier pont est le *fond de cale*, où l'on met le lest, qui sert à affermir le vaisseau en lui donnant une pesanteur convenable pour lui faire tirer assez d'eau. Le reste du fond de cale et l'*entre-deux-ponts* servent à ranger toutes les marchandises et tout ce que l'on transporte. Les canons se posent sur chaque pont et sortent par les *embrásures*, ouvertures pratiquées sur le flanc du vaisseau, plus haut que la ligne de flottaison.

Les madriers qui revêtent la carcasse du vaisseau laissent toujours entre eux de petits intervalles qui donneraient passage à l'eau, si l'on n'avait le soin de les boucher exactement avec du *calfat* : c'est de l'étoupe mêlée de suif et de brai, que l'on enfonce fortement entre les joints des madriers. On enduit ensuite exactement tous les dehors du bâtiment avec du goudron, du suif et de l'huile de baleine, pour fermer le passage à l'eau, et préserver le bois de la pourriture. On ne se contente pas de cette précaution pour les grands bâtimens, on recouvre de feuilles de cuivre la partie qui plonge dans l'eau, ce qu'on appelle *radouber* un vaisseau.

Lorsque la charpente du vaisseau est terminée, on le lance à la mer ; on place le gouvernail, puis on y élève différens mâts, qu'on croise avec les vergues auxquelles sont attachées les voiles, qui, par la résistance qu'elles opposent au vent, font marcher le bâtiment ; dans cet état, il peut entreprendre un voyage de long cours, et établir des relations entre des contrées que la nature semblait avoir créées pour être étrangères les unes aux autres, et que le génie de l'homme a su rapprocher.

Des différens Matériaux employés en Maçonnerie et dans la Construction d'une Maison.

Les pierres en usage pour la construction diffèrent suivant les lieux, chaque pays ayant ses carrières, qui fournissent des pierres de qualité variable. Il faut, autant que possible, choisir celles qui ne se fendent pas à la gelée, et qui ne se désagrègent pas à l'air. Les pierres forment dans le sein de la terre des bancs très-étendus, séparés les uns des autres par de petites veines d'argile. Quelquefois elles sont recouvertes d'une quantité considérable de terre végétale et de roches dont on ne peut se servir. Alors on est obligé de les extraire par *puits* et *galerie* ; d'autres fois elles se présentent presqu'à la surface. On ouvre alors une tranchée pour mettre le banc de pierre à découvert ; puis on en détache des blocs au moyen de pics, de leviers, de coins, et, dans certains cas, on se sert de poudre. Le carrier profite de l'argile qui sépare les différens bancs, il l'enlève, de manière que la pierre de dessus, n'étant plus soutenue, il suffit de son propre poids pour la faire rompre. Dans le cas contraire, on fait un trou de mine avec un grand ciseau, et on charge le trou de poudre, qui, par son explosion, détache la pierre du banc où elle était attachée. On la débite sur l'atelier, suivant le besoin qu'on en a. Les plus petits morceaux servent de moellons, et les grands font des pierres de taille.

Dans la construction, les pierres sont presque toujours reliées entre elles, soit avec du mortier, soit avec du plâtre, suivant qu'on a l'un ou l'autre à sa disposition. Le mortier est plus solide, et on doit toujours l'employer dans la construction des édifices, et dans les fondations des maisons : il est composé de chaux, à laquelle on mélange du ciment ou du sable.

La chaux et le plâtre s'extraient des carrières, absolument comme la pierre à bâtir; et quand cette dernière est calcaire, ce qui a lieu très-souvent, on fait de la chaux avec les fragmens que l'on obtient en la débitant. Pour faire la chaux, il suffit de calciner la pierre à chaux dans des fourneaux dont la dimension et la forme varient suivant l'habitude du pays, et les combustibles que l'on consomme. Les meilleurs, sous le rapport de l'économie, sont les fourneaux qu'on appelle *à feu continu*; ils sont ronds, ont la forme d'une tour, et sont élevés de vingt à vingt-cinq pieds. A trois pieds au-dessus du sol est une grille, au-dessous de laquelle est le foyer. On remplit le fourneau par le haut, en ayant soin de mettre, de distance en distance, un lit de combustibles. On allume le feu, la chaleur se communique dans tout le fourneau; la partie en contact avec l'argile se calcine la première; on la retire par une ouverture latérale, et on ajoute de nouvelles pierres à chaux à la partie supérieure, de manière que le fourneau soit toujours plein.

La chaux qui provient de cette opération est appelée *chaux vive*. Pour s'en servir, on la délaie avec de l'eau dans un bassin d'environ deux pieds de profondeur, en la remuant continuellement avec un rabe, et on y ajoute du ciment et du sable pour former un mortier. Dans cette opération, il se dégage une chaleur considérable.

Lorsqu'on a rassemblé les différens matériaux, et que l'architecte a donné le plan de la maison à construire,

16

la première opération consiste à en tracer les fondations au moyen de cordeaux tendus suivant la direction des murs. Ensuite on ouvre une tranchée que l'on approfondit, jusqu'à ce que l'on trouve un terrain assez solide pour asseoir les fondations. S'il fallait creuser trop avant pour y arriver, ou même si le terrain solide n'existait pas dans l'endroit où l'on construit, on y suppléerait en enfonçant des pilotis, comme je vous l'indiquerai à la fin de cette soirée, en vous parlant de la construction des ponts. Arrivé au terrain sur lequel les fondations doivent reposer, on met une assise de quartiers de pierres plates, qu'on relie avec du mortier. Sur cette première assise on en élève d'autres, en ayant soin que les joints des pierres se contrarient. Pour qu'elles se touchent dans la plus grande surface possible, on est dans l'habitude ou de les tailler au marteau, ou de les refendre au moyen de scies. Arrivé à la hauteur des caves, on construit des ceintres en bois, sur lesquels on place des moellons plats, et plus épais d'un côté que de l'autre ; souvent même, pour plus de solidité, le tailleur de pierre donne à ces pierres, qu'on appelle *voussoirs*, une forme déterminée par l'architecte. Aussitôt que les caves sont finies, il faut les recouvrir, de peur que les eaux pluviales ne dégradent cette partie si essentielle dans un bâtiment, puisqu'elle en supporte presque entièrement le poids. On continue ensuite à élever les murs, en ayant soin de ménager les ouvertures des portes et fenêtres.

Les pierres étant très-difficiles à manœuvrer, on les enlève, et on les met en place au moyen d'une grue, machine que vous êtes à même de voir tous les jours. Lorsque les murs sont achevés, les charpentiers placent *le comble* destiné à recevoir la couverture : il est composé de plusieurs *fermes* ou assemblages de bois, présentant la forme d'un triangle : le nombre de ces fermes varie avec la longueur du bâtiment ; elles reposent sur une pièce de bois nommée *sablière*, placée le long des murs de face, et sur laquelle elles sont fixées invariablement, par des assemblages et des liens en fer : ces différentes fermes sont reliées entr'elles par une grande pièce de bois appelée *faîte*, qui règne parallélement au mur de face, et qui est assemblée dans les différentes fermes. Des *chevrons* qui s'appuient sur la sablière et sur le faîte, sont placés à des distances indiquées par l'art ; ils terminent la charpente du comble, et présentent une surface, qui, étant garnie de lattes, et recouverte en tuiles ou en ardoises, forme le toit.

Habitation

N.º 1. Intérieur d'une Carrière.

N.º 2. Chauffournier.

N.º 3. Scieurs de Pierre.

N.º 4. Maçons Construisant une Maison.

N.º 5. Construction d'un Port.

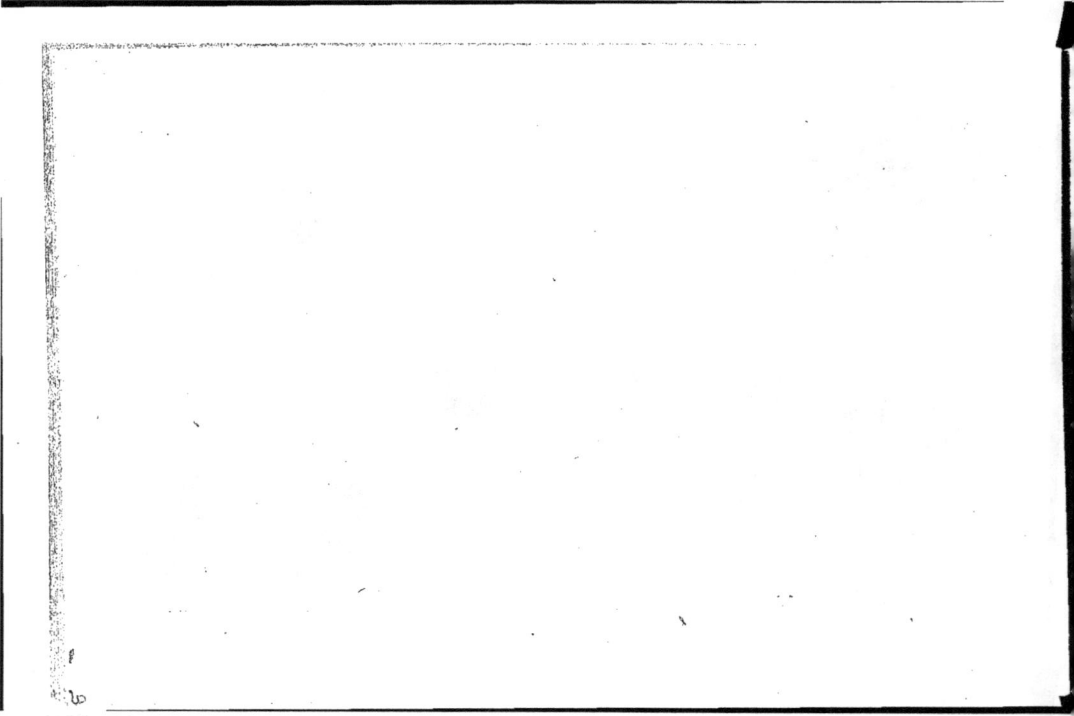

(125)

Le *charpentier* et le *couvreur*, ayant, par leurs travaux, mis la maison à l'abri de la pluie, on fait les *planchers* dont l'épaisseur sert à séparer les différens étages. Ces planchers sont composés d'un assemblage de solives placées horizontalement, et dont les extrémités s'appuient sur les murs ; ces solives sont recouvertes, soit d'un parquet, soit d'une maçonnerie, sur laquelle on place des carreaux, pour former le sol de l'étage supérieur : elles sont garnies, en dessous, de lattes portant un enduit de plâtre qui forme le *plafond* de l'étage inférieur.

On fait communiquer ces différens étages au moyen d'un *escalier*, qui, quelquefois est en pierre, mais plus ordinairement en charpente, parce qu'alors sa construction est moins coûteuse, et, qu'étant plus léger, il charge moins les murs sur lesquels il repose. L'escalier est placé dans un emplacement pratiqué exprès, et qu'on appelle *cage d'escalier* : il est composé d'un *noyau* ou *limon*, en pierre ou en bois ; les *marches* portent, par une extrémité, sur ce limon, et l'autre est scellée dans le mur : la partie inférieure des marches est garnie de lattes, pour pouvoir soutenir le plafond.

Les planchers et l'escalier étant terminés, il ne reste plus, pour rendre la maison habitable, que de la clore, au moyen des portes et des fenêtres, ce qui regarde le *menuisier* : c'est encore lui qui est chargé de rendre l'appartement commode, en y pratiquant des armoires, et de l'assainir, en l'entourant de boiseries, dont la forme, souvent élégante, contribue à la décoration de l'appartement, et exige, de la part de l'ouvrier, une certaine connaissance de l'art du dessin.

Le *menuisier* n'emploie que des bois de sciage, tels que madriers et planches, tandis que le *charpentier* ne met en œuvre que du bois de brin : en outre, les ouvrages en menuiserie étant polis, la première opération consiste à dresser le bois, au moyen d'un très-grand rabot, à deux poignées, nommé *varlope* ; ensuite on le met à l'équerre : dans cet état, il peut servir à tous les objets de menuiserie : s'il s'agit, par exemple, de faire une porte, il prend quatre madriers, qu'il coupe de longueur, pour former le cadre dans lequel on doit mettre les panneaux ; souvent même, on met un madrier au milieu, pour que la porte soit composée de deux panneaux. Les côtés du cadre sont assemblés à *tenon* et *mortaise*, et contenus par des chevilles ; on y place les panneaux : lorsque les cadres et les panneaux sont ainsi assemblés, on les place dans le bâti, et on fait le chambranle, que l'on scelle dans la muraille. Lorsque le me-

16*

nuisier a fini toutes les portes et toutes les fenêtres , il les donne au *serrurier* , qui les ferre et les met en place :
le *vitrier* vient alors poser les carreaux ou vitres , aux fenêtres ; c'est encore lui qui est chargé d'enduire tous les
bois d'un vernis qu'on appelle *peinture* , dont le but principal est de les empêcher d'être mangés aux vers , ou de
se pourrir par l'humidité , mais qui contribue aussi à la décoration. La maison ainsi fermée de toute part, est prête
à être habitée , il ne reste plus qu'à la garnir de différens meubles d'un usage journalier , et de ceux que la civilisation et le luxe ont rendus presqu'indispensables.

Je me propose de vous indiquer , dans mon prochain entretien avec vous , les principaux objets dont se compose
l'*ameublement* , mais je terminerai celui-ci , en vous parlant de la construction des ponts.

Nous avons vu que , pour la solidité des constructions , il faut que les fondations reposent sur un sol ferme , et
qu'on est dans l'habitude de creuser des tranchées , jusqu'à ce qu'on y arrive ; mais il est des cas , comme dans les
terrains marécageux , où ces tranchées seraient impraticables , et où l'on ne pourrait bâtir avec solidité , si l'on
n'était parvenu , pour ainsi dire , à le consolider , au moyen de pieux ou de *pilotis* qu'on y enfonce : cette invention, qui est surtout d'un grand secours pour la *fondation des ponts* , est assez ancienne; mais il y a encore quelques
années, on était obligé , pour piloter, d'assécher le terrain , ce qui se faisait en construisant des batardeaux qui com-
prenaient entre eux l'espace que devait occuper une ou deux piles ; l'eau renfermée dans ce bassin factice était épuisée
au moyen de pompes, de chapelets ou d'autres machines semblables qui le tenaient constamment à sec : alors on y
enfonçait les pieux ou pilotis , à coups de mouton , et, lorsqu'on jugeait qu'ils s'appuyaient sur un sol ferme, on les
coupait à égale hauteur , de manière qu'ils pussent recevoir un grillage en charpente , sur lequel on élevait la maçonnerie de la pile. On imagine sans peine les dépenses et les difficultés de tout genre que suscitait une semblable
opération ; depuis quelques années, on les a beaucoup diminuées , les unes et les autres, en inventant la manière de
fonder les piles sans épuisement : pour y parvenir , on bat les pilotis qu'on coupe ou *recèpe* à égale hauteur , au moyen
d'une scie horizontale qui se meut dans l'eau ; la tête de tous les pieux étant parfaitement de niveau , on construit un
bateau plat ou *caisson* , dont le fond doit pouvoir se séparer facilement de ses bords ; on les tient assez hauts pour

124

Ameublement de l'Habitation

Nº 1. L'Ébéniste.

Nº 2. le Tourneur-Rempailleur.

Nº 3. Matelassier.

Nº 4. L'Atelier du Tapissier.

Nº 5. Tapissier occupé à tapisser un Salon.

qu'ils soient plus élevés que la surface de l'eau, lorsque le fond du caisson reposera sur les pieux. Ce caisson étant construit, on le lance à l'eau, on le conduit dans la direction de la pile sur laquelle on le fait échouer, et lorsqu'il repose exactement sur la tête des pieux, on construit sur le fond du caisson la maçonnerie de la pile qu'on élève au-dessus du niveau de l'eau, sans être nullement gêné par elle : on détache alors les bords latéraux du caisson, qui peuvent servir à un nouveau.

Les différentes piles du pont étant achevées, on les relie ensemble par des arcs en pierre de taille qui forment *les arches* sous lesquelles les bateaux doivent passer. Ces arceaux sont recouverts d'un massif en maçonnerie, sur lequel on place le pavé destiné à être le sol du pont, et à établir une communication sûre et facile d'une rive à l'autre.

VINGT-UNIÈME SOIRÉE.

De l'Ameublement d'une Maison.

Parmi les arts enfantés par le luxe, on doit regarder comme étant nécessaires aux douceurs de la vie, ceux qui nous procurent les moyens d'embellir notre demeure, et qui servent à nous la rendre agréable et commode.

Les personnes d'un haut rang et celles qui jouissent d'une grande fortune, se plaisent à réunir autour d'elles tout ce que l'industrie manufacturière et les productions des arts mécaniques peuvent offrir de plus élégant et de plus somptueux. Des tentures d'étoffes magnifiques, de superbes tapis, des siéges de bois précieux recouverts richement, des glaces, des pendules, des flambeaux et des candelabres artistement ciselés, des lustres en cristal, et enfin beaucoup d'autres objets de goût, ornent leurs appartemens. Dans les classes intermédiaires, on n'apporte pas autant de faste à la composition de son mobilier. Dans les classes peu aisées, on borne son ambition à posséder les meubles d'une nécessité absolue.

Lorsqu'on veut meubler une maison dans un genre recherché, on s'adresse assez habituellement à un *tapissier*, qui entreprend toutes les fournitures relatives à un *ameublement* complet.

L'art du *tapissier* consistant principalement dans le décors, et se rattachant à divers arts mécaniques, celui qui veut l'exercer avec succès doit savoir le dessin, pour être en état de donner lui-même les sujets des ouvrages qu'il veut faire exécuter par le fabricant d'étoffes, par l'*ébéniste*, par le *tourneur*, ou par les autres ouvriers qu'il est obligé d'employer pour effectuer ses commandes.

Le meuble le plus essentiel de tous les arts est celui sur lequel nous oublions chaque soir les fatigues de la journée. Si l'homme en parfaite santé éprouve un véritable plaisir à passer commodément la nuit, le malade, le vieillard, l'infirme, ont un besoin réel d'être couchés mollement pour trouver quelque soulagement à leurs maux.

L'usage des *lits* remonte, mes enfans, à une époque très-reculée ; les Anciens s'en servaient, non-seulement pour s'y livrer au sommeil, mais ils avaient l'habitude de prendre leurs repas étendus sur des *lits* qu'on plaçait autour de la table, dans la salle à manger. Leur corps était élevé sur le coude gauche, afin d'avoir la liberté de manger de la main droite, et leur dos était soutenu par des traversins. La mode donna à ces *lits de table* depuis deux pieds jusqu'à quatre pieds de hauteur, et elle apporta des variations fréquentes dans leur construction : on en fit en long, en ovale, en forme de croissant ; ensuite on les releva un peu par le bout qui était proche de la table, de manière qu'on pût être appuyé plus commodément en mangeant. Cette coutume passa de l'Orient chez les Romains. Ces peuples, dans les premiers temps de la république, couchèrent simplement sur de la paille, sur des feuilles sèches et sur des peaux d'animaux, dont ils se servaient aussi pour couverture. Bientôt l'exemple des peuples qu'ils soumirent les porta à se relâcher de l'austérité de leurs mœurs, et à se procurer les aisances de la vie, et successivement les raffinemens de la mollesse. A la paille, aux feuilles sèches, aux peaux de bêtes, aux couvertures tissées de leurs toisons, succédèrent les matelas de laine, et même des lits de plume du duvet le plus léger. Pour plus de commodité et de magnificence, ils placèrent ces coussins moelleux sur des *bois de lits*, où l'argent, l'or et d'autres matières précieuses travaillées avec art joignaient leur éclat à celui de l'ébène, du cèdre et de l'ivoire, sur lesquels on voyait des figures en relief. Des couvertures fines, teintes de pourpre, rehaussées d'or, des courte-pointes admirables par la perfection des broderies ajoutaient à la somptuosité de ces *lits*, qui étaient faits à peu près comme nos lits de repos, et qui ont probablement servi de modèle aux ottomanes et aux canapés que l'on place dans nos salons.

Quoique l'argent et l'or n'entrent point dans la confection de nos *bois de lits*, il en est qui, pour l'élégance de la forme et par les accessoires dont ils sont accompagnés, pourraient être comparés avec avantage à ceux des Anciens. L'industrie avec laquelle nos *ébénistes* emploient l'acajou, le citronnier, l'ébène, etc., est digne de l'admiration, même des étrangers ; ils ont l'art de faire paraître ces bois veinés de manières différentes, et de les rendre extrêmement variés dans leurs marbrures ; souvent des canelures, des moulures, des sculptures, des ornemens en bronze et en cuivre dorés exécutés d'après les dessins d'artistes habiles, donnent une grande valeur aux ouvrages qui sortent de leurs ateliers. Il est divers bois que les *ébénistes* emploient dans leur couleur naturelle, et d'autres auxquels ils savent donner des couleurs en les faisant bouillir avec des matières colorantes.

Un *bois de lit*, destiné à être placé dans une chambre à coucher d'un style élégant, est ordinairement garni d'un *sommier*, de deux *matelas*, d'un *lit de plumes*, d'un *traversin*, d'un *oreiller* et de *couvertures* tissées de laine et de coton.

Le *sommier* est un ample coussin de la longueur et de la largeur du *bois de lit* : il est composé de crin renfermé entre deux morceaux de futaine ou de toile à carreaux bleus et blancs, qu'on a piqués de distance en distance. Les *matelas* doivent être de semblable dimension : ils sont faits de la même manière, à l'exception que la laine y remplace le crin. La confection de ces divers objets a donné lieu au métier de *matelassier*, état qui assez souvent est exercé par des femmes. Une espèce de sac de coutil blanc, ou rayé de bleu, cousu des quatre côtés et renfermant du duvet, mais plus souvent de la plume, d'où il tire son nom ; le *traversin*, l'*oreiller*, qui sont aussi composés de coutil et de plume, se font chez le *tapissier*, ainsi que les *courte-pointes* ou *couvre-pieds* dont les lits sont revêtus, et les *rideaux* dont ils sont entourés. Les *couvertures* sont des étoffes croisées qui se fabriquent chez les couverturiers.

Les *siéges*, meubles d'une nécessité indispensable, offrent une variété infinie, tant par leur forme et leurs contours qui changent suivant le caprice de la mode, que par les accessoires dont on peut les embellir. Parmi les *siéges* d'appartement, on comprend les *chaises*, les *fauteuils*, les *bergères*, les *canapés*, les *ottomanes*, les *sofas*, les *plians*, les *tabourets* ; ces meubles se travaillent tous à peu près de la même manière. De quelque genre que soient les *siéges*, le bâti ou charpente qui entre essentiellement dans leur construction est un assemblage de bois, formant l'encadrement du siége ou partie sur laquelle on s'assied, ainsi que les montans qui le soutiennent, et le dossier et les bras, s'il doit y en avoir : on emploie dans leur confection l'acajou et quelques autres bois estimés à raison de leur beauté ; et parce qu'ils sont susceptibles de recevoir le poli le plus brillant, ces meubles, d'un genre distingué, sont du ressort de l'*ébéniste*. Au sortir de son atelier, ils passent dans celui du *tapissier*, qui recouvre ces sortes de siéges d'étoffes de soie, de laine ou de tapisserie, et quelquefois de maroquin ; il les rembourre en crin, et il se sert de clous dorés pour fixer l'étoffe sur le bois.

Pour l'exécution de ses travaux, le *tapissier* a chez lui des femmes chargées d'assembler et coudre les étoffes ; il a en outre des garçons, dont la main d'œuvre consiste à faire tout ce qui, dans cet état, nécessite l'usage du marteau. Il est des bâtis de siéges d'un prix moins élevé que ceux dont je viens de vous parler, qui sont faits par les menuisiers ; et les *chaises de paille*, d'un usage si général, sortent toujours de la main du *tourneur-rempailleur*, qui natte lui-même la paille ou le jonc marin dont est garni leur fond.

Un grand nombre des meubles placés dans nos appartemens, pour les parer et flatter les yeux, ont en outre l'avantage d'être très-utiles aux aisances de la vie, tels que les *chiffonniers* et les *commodes*, où nous serrons notre linge ; les *secrétaires*, où nous renfermons des papiers importans ; les *bureaux*, sur lesquels nous écrivons, les *tables à manger*, et autres tables, tels que *guéridons*, *consoles*, etc. Tous ces objets, lorsqu'ils sont fabriqués avec des bois précieux, sont encore les produits de l'industrie de l'ébéniste.

Lorsque l'appartement est prêt à recevoir les meubles dont on veut le garnir, le *tapissier*, suivi de ses *garçons*, vient y poser les *glaces*, les *tentures* ou *tapisseries*, les *rideaux des lits* et ceux des *croisées*. Les tentures peuvent se faire de toutes espèces d'étoffes, comme velours, damas, brocards, etc. ; ordinairement elles sont assorties aux étoffes

ART
de l'Horlogerie

N° 1. Faiseurs de mouvemens en blanc.

N° 2. l'Emailleur.

N° 3. Le Ciseleur.

qui couvrent les fauteuils, et relevées de riches bordures ou de galons élégamment tissus, qui, ainsi que les franges et les glands qui accompagnent les rideaux, sont l'objet de la main d'œuvre du frangier.

Le talent du *tapissier* se fait surtout connaître dans le goût qu'il apporte à meubler la chambre à coucher et le salon, pièces les plus importantes d'un appartement. Il déploie toutes les ressources de son art dans le choix des étoffes et des divers ornemens dont il les décore, et dans la grâce avec laquelle il pose les *draperies*, qui peuvent être regardées comme le complément du luxe et de la magnificence, sous le rapport de la tenture.

Les *tapissiers* fournissent aussi et posent les tapis qu'on met sous les pieds dans les appartemens. Les tapis de Turquie et de Perse ont eu long-temps la vogue, mais aujourd'hui les manufactures de France nous offrent des ouvrages bien supérieurs par l'élégance et la correction du dessin, le choix et la variété des fleurs qu'on y représente ; les *tapis veloutés*, de la manufacture royale de la *Savonnerie*, sont, entre autres, de la plus grande beauté. Les tapis de la manufacture d'*Aubusson* méritent de tenir le second rang ; nous avons ensuite les *tapis de moquette*, espèce d'étoffe veloutée ; ceux-ci, quoique bien inférieurs aux premiers, sont cependant recherchés, à cause de la modicité de leur prix.

VINGT-DEUXIÈME SOIRÉE.

De la Manière de mesurer le Temps chez les Anciens ; de l'Invention des Horloges, et de l'Art de l'Horlogerie.

Le travail est la vocation de l'homme, et le premier fondement de sa véritable grandeur. Il faut donc, mes enfans, employer fructueusement les jours que nous accorde l'Eternel. A Lacédémone, on révérait le *temps* comme une chose sacrée, et c'était commettre une espèce de crime envers la Divinité, que d'en donner la moindre partie à l'inaction. La rapidité avec laquelle le temps s'écoule nous impose la loi de bien user des momens de la vie : pour y réussir, il est essentiel d'en régler sagement l'emploi. Nous devons donc regarder comme un art aussi utile qu'ingé-

17

nieux celui qui nous facilite les moyens de distribuer nos travaux d'après la mesure du temps, et qui sert à nous avertir incessamment qu'une heure coulée dans l'oisiveté est perdue à jamais pour nous.

Il paraît que les premiers moyens que l'on a mis en usage pour mesurer le temps ont été les révolutions journalières du soleil ; ainsi, le temps qui s'écoule depuis le lever jusqu'au coucher du soleil fut appelé *jour*, et le temps compris depuis le coucher jusqu'à son lever fit la *nuit* ; mais ces sortes de jours étant plus longs en été qu'en hiver, on se régla sur la marche du soleil depuis le point de sa grande élévation jusqu'à son retour au même point ; et l'on divisa le temps qui s'écoule entre deux midi, c'est-à-dire une révolution du soleil, en vingt-quatre parties ou heures. De là l'origine des *cadrans solaires*, dont les heures sont marquées par des lignes. Mais cette manière ne pouvant faire connaître l'heure pendant la nuit, ni lorsque le soleil était couvert par des nuages, pour remédier à cet inconvénient on inventa les *clepsydres*, ou *horloges à eau*.

Le *clepsydre* était un vase avec une espèce de tuyau étroit, percé d'une petite ouverture par où s'écoulait, goutte à goutte, l'eau qu'on y avait versée. *Clésibius*, qui florissait vers l'an de Rome, 613, imagina aussi une machine hydraulique que l'eau mettait en action, et qui marquait par ses mouvemens les différentes heures du jour. Les Anciens mesuraient encore le temps par l'écoulement du sable enfermé dans de petits vaisseaux de verre.

On se servit de ces différentes manières de mesurer le temps jusqu'à la fin du dixième siècle. Néanmoins quelques écrivains ont fait mention d'une *horloge à rouage*, que le pape Paul Ier. envoya à Pepin-le-Bref. Cette machine passa pour unique dans le monde. Nos historiens parlent aussi avec admiration d'une *horloge* que Charlemagne reçut en présent du calife Aaron, vers l'an 807 ; mais ce n'était point une horloge sonnante ; il n'y en avait point alors.

Les Italiens, à qui on doit la renaissance de toutes les sciences et de tous les arts, imitèrent les horloges à roues du pape Paul et du calife Aaron. Cette gloire appartient à Paficuis, archidiacre de Vérone, excellent mécanicien, mort en 846. Dans le quatorzième siècle, parut à Londres ; l'*horloge de Walingford*, bénédictin, mort en 1325. Bientôt après, *Jacques Dondis*, né à Padoue, en fit faire une qui marquait le cours annuel du soleil, suivant les douze signes du zodiaque, et le cours du soleil et des planètes. Cette *horloge*, regardée comme la merveille du siècle, et qui fut placée en 1344 sur la tour du palais de Padoue, valut à son auteur et à tous ses descendans le surnom de *Horologius*, qui dans la suite prit la place du nom même.

L'horloge de *Dondis* excita l'émulation des ouvriers dans toute l'Europe, où les villes les plus considérables ne tardèrent pas à faire mettre, dans le clocher de leur principale église, une horloge à sonnerie. La première qu'ait possédée Paris est celle qui est encore au Palais de Justice; elle fut exécutée par Henry de *Vic*, que Charles V fit venir d'Allemagne. Il assigna à cet ouvrier un traitement, et lui donna un logement dans la tour, où l'on plaça cette horloge. Vers le milieu du seizième siècle, la mécanique des grosses horloges s'étendit et se perfectionna partout. Ces horloges de gros volume amenèrent insensiblement les ouvriers à en construire de plus petites en forme de *pendules*, pour l'usage des appartemens; cependant elles furent d'abord très-imparfaites. Enfin des ouvriers plus habiles imaginèrent des horloges portatives, auxquelles on a donné le nom de *montres*. Dans les premiers temps, ces montres étaient d'une grandeur peu commode; mais on parvint à en faire d'assez petites pour être portées au cou, ainsi qu'il est de mode aujourd'hui; on inventa successivement diverses sortes de pendules; l'on en fait actuellement qui non-seulement sonnent l'heure et la demie, mais aussi les quarts. Il y a des pendules à répétition qui, au moyen d'un cordon qu'on tire, battent l'heure et les quarts correspondant aux aiguilles du cadran; on fait aussi des pendules qui marquent les secondes, les quantièmes du mois, de la lune, et le cours du soleil.

On voit des montres qui réunissent ces mêmes avantages.

Les artistes anglais sont les premiers qui, par des ouvrages d'horlogerie conduits avec génie et exécutés avec précision, se sont acquis une réputation générale en Europe; mais depuis que le célèbre *Sully*, l'un d'entre eux, qui s'établit à Paris pendant la minorité de Louis XV, eut communiqué ses idées aux plus habiles ouvriers de cette capitale, cet art s'y est perfectionné à un si haut degré, que nos horlogers l'emportent aujourd'hui sur ceux des Anglais, tant par la bonté et le fini de leurs ouvrages que par le goût, caractère distinctif des productions françaises.

L'*horlogerie* étant la science du mouvement, cet art exige de ceux qui le professent la connaissance du mouvement des corps, celle des mathématiques, de la mécanique et de la physique; il faut, en outre, qu'ils réunissent au génie

17*

propre à saisir, l'esprit des principes, le talent de les appliquer. Il est donc important de distinguer les horlogers vraiment artistes, qui possèdent la théorie et la pratique de ce bel art, d'avec ceux qui n'ont d'autre mérite que celui de l'exécution et de la main d'œuvre.

Parmi ces derniers, on cite les Génevois comme étant de très-habiles ouvriers, et nos horlogers de Paris tirent de Genève beaucoup de *mouvemens en blanc*, qu'ils perfectionnent eux-mêmes.

Ce qui concerne la pratique se divise en trois branches : 1°. Celle des *horlogers grossiers*, qui font les grosses horloges des clochers, des châteaux, etc.; 2°. celle des *horlogers penduliers*, qui ne s'adonnent qu'à faire des *pendules ;* il y a deux sortes de *pendules*, celles qui sont à *poids* et celles qui sont à *ressort*. Enfin, la troisième branche est formée des *ouvriers en petit*, qui font des montres.

Les pendules et les montres sont composées de tant de parties diverses, que leur fabrication exige un grand nombre d'ouvriers partagés en plusieurs classes; et chacun d'eux se livrant spécialement à un travail particulier, je ne vous donnerai pas, mes enfans, de détail sur la main d'œuvre relative à l'art de l'horlogerie, qui seule pourrait fournir un volume. Je n'entrerai point non plus dans la description des arts qui concourent à mettre ces meubles précieux en état de nous servir, ce sujet m'entraînerait à de trop longues digressions; cependant, pour vous faire voir par combien de mains une *pendule* ou une *montre* doit passer avant d'être achevée, je vous ferai l'énumération des divers artisans qui exécutent chacune des parties dont ces ouvrages se composent; ce qui vous mettra en même temps à portée de connaître le nom de ces différentes parties; mais préalablement je vais essayer de vous exposer les principes qui font la base de la construction de ces machines admirables.

Pour parvenir à concevoir les divers effets d'une horloge, il n'y a qu'à supposer que, n'ayant aucune notion d'une machine propre à mesurer le temps, on cherche à en composer une. Alors, prenant un poids, que l'on attache à une verge, on suspend ce *pendule* par un fil ; les vibrations qu'il fait, lorsqu'on l'a écarté de la verticale, servent à mesurer le temps. Mais, comme il faudrait compter tous les battemens ou vibrations, on imagine un *compteur* placé auprès de ce pendule ; une roue dentée, portant une aiguille, en opère l'effet en entourant l'axe de cette roue d'une corde à laquelle on suspend un poids. Cette roue , entraînée par le poids , communique avec une pièce portant deux bras , qui est attachée au *pendule* ; de sorte qu'à chaque vibration du pendule , la roue avance d'une dent , y étant entraînée par le poids ; en même temps , elle restitue au pendule la force que la résistance de l'air et la suspension lui font perdre à chaque vibration. C'est ce qui forme l'*échappement* de la machine dont le pendule est le *régulateur*, le poids le *moteur* ou *agent*, et la roue le *compteur*, parce que son axe porte une aiguille qui marque les parties du temps sur un cercle gradué. Ces premiers effets bien conçus , on aura une idée générale de toutes les machines qui mesurent le temps ; car , quelle que soit leur construction , elle se rapporte à ces premiers principes.

Pour construire une horloge portative, il a fallu substituer un autre moteur que le poids , et un autre régulateur que le pendule pour moteur. On y a mis un *ressort* d'acier plié en spirale , et pour régulateur un *balancier*. C'est ce ressort spiral , qu'on a ajouté aux montres , qui assure la régularité du mouvement par des vibrations égales.

Pour se former une idée bien nette de ces ingénieuses machines, il n'y a qu'à supposer , ainsi que nous l'avons fait pour les horloges à pendule , qu'on n'a jamais vu de montre , et qu'on cherche les moyens d'en construire une qui ne soit pas susceptible de dérangement par les agitations qu'elle éprouve lorsqu'on la porte sur soi ; voulant y parvenir , il n'y a qu'à s'imaginer que , sur un axe terminé par deux pivots , est attaché un anneau circulaire également pesant dans toutes les parties de sa circonférence. Cet anneau , que l'on nomme *balancier* (supposé placé dans une cage , dans les trous de laquelle roulent les pivots de son axe), a la propriété de continuer le mouvement qu'on lui a imprimé sans que les cahotages le troublent sensiblement. Ce *balancier* devient le *régulateur*, qui sert à modérer la vitesse des roues de la machine portative ; car en attachant sur l'axe du balancier deux bras qui communiquent à une roue, entraînée par un agent qui ait la propriété d'agir, quelle que soit la position de la machine (cet agent est le ressort plié en spirale), ces bras, dis-je, de l'axe du balancier, formeront avec cette roue un échappement qui fera faire des vibrations au balancier ; cette roue marquera les parties du temps divisé par le balancier.

Des différentes sortes d'Ouvriers qui travaillent en Horlogerie.

Pour les pendules :

1°. Les *faiseurs de mouvemens en blanc*, qui ne font qu'ébaucher l'ouvrage, c'est-à-dire les roues, les pignons et les détentes ;

Les *finisseurs*, qui terminent les dents, finissent les pivots, font les trous dans lesquels ils doivent tourner ; ils font aussi les engrénages, l'échappement. Ils sont, en outre, chargés des effets de la sonnerie ou de la répétition, ajustent les aiguilles, ainsi que les *pendules* ou *lentilles*, et font marcher l'horloge ou la pendule ;

2°. Les *fendeuses*, ouvrières qui fendent les roues des pendules, et ne font que cela ;

3°. Les *faiseurs de ressorts*, qui ne font autre chose que les ressorts de pendules ;

4°. Les *faiseurs de lentilles*, qui font les lentilles et les poids, pour faire marcher les pendules ; ces mêmes ouvriers en font aussi les aiguilles d'acier ;

5°. Les *graveurs*, qui font les cadrans de cuivre pour les pendules à secondes ;

6°. Les *polisseurs*, qui polissent les pièces de cuivre du mouvement de la pendule ; le *finisseur* termine et polit celles d'acier ;

7°. Les *émailleurs*, ou faiseurs de cadrans de pendules ;

8°. Les ouvriers qui argentent les cadrans de cuivre ;

9°. Les *ciseleurs*, qui font les boîtes à cartels ; l'art du *ciseleur* consiste principalement à enrichir les ouvrages d'or et d'argent, et d'autres métaux, par quelque dessin ou sculpture qu'il y représente en bas-relief ;

10°. Les *ébénistes*, qui font les boîtes de marqueterie, et autres ;

11°. Les *doreurs*, pour les bronzes des boîtes et cartels ;

12°. Les *fondeurs*, pour les roues des pendules et de différentes autres pièces qui s'emploient dans les mouvemens ;

13°. Les *metteurs en couleurs ;* ceux-ci donnent la couleur aux bronzes des boîtes de pendules, aux cartels, cadrans, etc. : cette couleur imite la dorure ;

14°. Les *fondeurs* qui font les timbres, les tournent et les polissent.

Les pendules à *équation*, ou autres machines composées, sont exécutées par différens ouvriers en blanc, finisseurs, etc., sous la direction de l'horloger, qui en fait le plan.

Pour les montres :

1°. Le *faiseur de mouvemens en blanc ;* il fait, de même que ceux qui travaillent aux pendules, des roues et des pignons ;

2°. Le *faiseur de rouages*, sorte d'ouvrier en blanc qui ne s'occupe qu'à faire les rouages des montres à *répétitions ;*

3°. Les *quadraturiers*, font la partie de la répétition qui est sous le cadran, dont le mécanisme est tel que lorsqu'on pousse le bouton, ou poussoir de la montre, cela fait répéter l'heure et le quart marqué par les aiguilles ;

4°. *Ceux qui taillent les fusées* et les roues d'échappement ;

5°. Les *fendeuses de roues ;*

6°. Les *faiseurs d'échappement* des montres à cylindre, c'est-à-dire la roue du cylindre et le cylindre même, sur lequel ils fixent le balancier ;

7°. Le *faiseur de ressorts* de montres, qui ne fait que les petits ressorts ;

8°. La *faiseuse de chaînes de montres ;* on tire généralement de Genève cet ingénieux assemblage ;

9°. Le *faiseur de spiraux ;* on tire aussi des spiraux de Genève. Un spiral exige beaucoup de soin pour être bon, et sa bonté est essentielle dans une montre ;

10°. Le *finisseur ;* il y en a de deux sortes : celui qui finit le mouvement des montres simples, et celui qui termine le rouage des montres à répétition. L'un et l'autre finissent les pivots des roues et des engrénages. Quand les montres sont à roues de rencontre, les finisseurs font aussi l'échappement. Le finisseur égalise la fusée avec son ressort ; il ajuste le mouvement dans la boîte, et la fait marcher ; ensuite l'horloger en examine toutes les différentes parties , et si elles ne sont pas dans les règles, il les retouche lui-même , et donne ainsi l'âme à la machine;

11°. Les *faiseurs d'aiguilles* , qui ne sont pas ceux qui en font pour les pendules ;

12°. Le *faiseur de cadrans*, ou émailleur en cette partie ;

13°. Les *graveurs* , qui font les ornemens des coqs , rosettes , etc. , et gravent les aiguilles de montres et de pendules ;

14°. Les *doreuses* , dont l'emploi est de dorer les platines des coqs et les autres parties des montres ;

15°. Les *polisseuses*, qui s'occupent à polir les pièces de cuivre d'une montre , comme les roues , et les autres pièces qui ne se dorent pas ;

16°. Les ouvriers qui polissent les pièces d'acier, comme les marteaux , etc. ;

17°. Il y a aussi des ouvriers occupés à faire des *nez* ou carrés d'acier, pour mettre aux clés de montres ;

18°. Les *monteurs de boîtes* , etc. ;

19°. Les *émailleurs* , qui recouvrent d'émaux de différentes couleurs les boîtes de montres destinées à être enrichies de diamans ou de perles par les joailliers.

L'émail est, en général, une matière vitrifiée entre les parties de laquelle est distribuée une autre matière qui n'est point vitrifiée. L'émail, à la transparence près, a toutes les propriétés du verre , et l'opacité ne lui vient que de ce mélange.

L'*art de l'émailleur*, qui est une des branches de l'art de la verrerie, est très-étendu , et peut se diviser en quatre autres branches : la première est celle de préparer l'émail ; la seconde, de peindre dessus ; la troisième , de l'employer transparent et clair ; et la quatrième , de l'employer à la lampe , procédé au moyen duquel on fait des ouvrages curieux.

Les travaux qui concernent spécialement l'*horlogerie* nécessitent l'emploi de diverses machines et instrumens, propres à faciliter l'exécution de cet art admirable. Parmi ces machines , on fait surtout un grand cas et un usage continuel de celle qui fend la denture des roues des montres et des pendules; il y a aussi une infinité de petits outils d'horlogerie très-commodes pour rendre la main d'œuvre aussi exacte qu'elle doit être.

Fabrication de la Monnaie.

Nº 1. Graveur en Médailles.

Nº 3. Essayeur de Monnaie.

Nº 2. Fonte de l'Or et de l'Argent.

Nº 4. Décrouage des Flans.

Nº 5. Atelier où l'on frappe la Monnaie.

Les horlogers de Paris ont ordinairement chez eux des *pendules* et des *montres* de différentes sortes et de divers prix, afin d'être à portée de satisfaire les désirs de chaque particulier. Ces meubles utiles, qu'on peut se procurer à peu de frais, si l'on n'estime en eux que les secours qu'ils nous prêtent, sont susceptibles de s'élever à une haute valeur quand ils réunissent à tout ce que l'*art de l'horlogerie* peut produire de plus précieux, les riches ornemens dont souvent on les embellit.

VINGT-TROISIÈME SOIRÉE.

De la Fabrication des Monnaies.

Sɪ nous consultons, mes enfans, les temps anciens qui remontent au berceau des sociétés, nous n'y voyons pas ce qu'on appelle maintenant des achats et des ventes. On échangeait simplement les marchandises superflues que l'on possédait, contre les autres marchandises superflues qu'un autre avait, et qu'on désirait se procurer.

Les transactions et le commerce se faisaient presque partout par échanges : les salaires, les récompenses, se payaient avec des marchandises en nature ; on donnait des bestiaux pour d'autres bestiaux, pour des grains, des vêtemens, des instrumens aratoires, des armes, etc., et réciproquement.

Mais comme il arrivait souvent que la personne à qui l'on s'adressait pour effectuer un échange, n'avait pas l'objet qui pouvait convenir, ou ne voulait pas s'en défaire, il naissait de là mille obstacles qui entravaient la marche du commerce. Alors on imagina de recourir à des matières incorruptibles, faciles à transporter, et qui, d'après des conventions préalables, fussent le signe représentatif des marchandises, et pussent les égaler en valeur. On eut soin de faire servir à cet usage des métaux, bien épurés de toute matière étrangère ; l'on y employa le fer, l'airain, le cuivre, l'argent et l'or, etc. Telle est l'origine de la *monnaie*.

Cependant cette *monnaie* n'eut pas d'abord une forme certaine : ce n'étaient que des pièces, des lingots ou des tronçons de métal d'inégale grandeur, que l'on donnait au poids et à la balance. Cette méthode, suivie assez géné-

18

ralement dès la plus haute antiquité, a duré long-temps, et elle est encore usitée chez divers peuples qui ne jouissent pas comme nous des bienfaits de la civilisation.

L'usage de peser les métaux, dans les paiemens, était très-incommode : il pouvait, d'ailleurs, prêter à la fourberie. Pour remédier à ces inconvéniens, l'autorité publique résolut d'adopter une forme déterminée, qui garantît le poids et la qualité de chaque pièce. C'est ainsi que l'*argent monnayé* fut introduit dans la circulation.

Dans les premiers temps, on marqua les pièces d'un certain nombre de points destinés à indiquer leur valeur ; ensuite on y imprima des figures symboliques ; enfin, le législateur ou le prince mit son empreinte sur la *monnaie*, pour que le public y donnât sa confiance.

Maintenant, dans tout état gouverné avec sagesse et équité, le poids et la qualité des métaux employés à fabriquer les *monnaies*, sont déterminés d'après des bases immuables.

Les *monnaies* étant des mesures destinées à régler et fixer la propriété des citoyens débiteurs et créanciers, elles doivent, comme les poids et les autres mesures, être invariables, ou du moins ne changer que d'après les lois.

Je vais vous donner un exemple de la manière dont on procède, en France, à la fabrication de la monnaie.

Les monnaies d'or et d'argent étant ordinairement alliées avec une certaine quantité de cuivre, l'opération principale et la plus importante consiste à faire cet alliage. On prend, à cet effet, la quantité proportionnée de cuivre et d'argent, ou de cuivre et d'or, nécessaire pour faire l'alliage (en France, cette proportion est de neuf dixièmes de fin sur un dixième de cuivre) ; on met le tout dans un creuset de terre bien cuit, et la fonte s'opère dans un fourneau. Quand le métal est fluide, on le brasse avec une espèce d'écumoire, pour que le cuivre et l'or, ou l'argent fin, se mêlent bien ensemble ; ensuite on le coule en lames dans des moules de fer. Comme il est très-important que l'alliage soit uniforme, on coupe un petit morceau de métal à chaque lingot, pour en prendre le titre.

Cet essai se fait avec de petits fourneaux où l'on place des *coupelles*, espèces de soucoupes faites de cendres d'os, qui ont la propriété d'absorber le plomb scorifié. On met avec la matière à essayer une certaine quantité de plomb proportionnée à la quantité d'alliage. Quand le fourneau et la coupelle sont bien chauds, on place le mélange dedans la coupelle : il fond ; le plomb se scorifie, enlève le cuivre, et est absorbé par la coupelle, sur laquelle reste le métal fin. On retire la coupelle du feu, on pèse avec une grande exactitude le bouton métallique qu'on a obtenu, et la différence en poids, avant et après l'essai, indique ce qu'il a perdu, et par conséquent la quantité de cuivre qu'il contenait.

Lorsqu'on s'est assuré, par l'essai, que chacun des lingots d'or ou d'argent qu'on a coulés est au titre voulu, on les réduit en lames de l'épaisseur des pièces qu'on veut fabriquer, en les passant plusieurs fois au laminoir. Cette machine est composée de deux cylindres de fer qui tournent l'un sur l'autre en sens contraire, qui sont distans l'un de l'autre d'un certain intervalle, et sont mus par un manége. La lame d'or ou d'argent passe entre les deux cylindres, s'étend et prend pour épaisseur la distance qui existe entre les deux cylindres. On a plusieurs laminoirs successifs qui amincissent les lames graduellement ; le dernier leur donne l'épaisseur que doivent avoir les pièces.

Il faut que les lames soient coupées en plaques rondes d'un diamètre proportionné à la pièce qu'on veut frapper ; on lui donne cette forme avec un instrument appelé *coupoir*, qui n'est autre chose qu'un emporte-pièce fait en acier. Ce morceau de métal prend alors le nom de *flan*, et il ne porte celui de monnaie que lorsqu'on y imprime l'effigie du souverain. Quoique les lames qui ont passé au laminoir soient toutes de même épaisseur, cependant il arrive souvent que le poids des *flans* n'est pas celui requis : des ajusteurs les pèsent avec beaucoup d'exactitude, les renvoient à la fonte, s'ils n'ont pas le poids, et les ajustent avec des limes, s'ils sont trop lourds. Après cette opération, il ne reste plus, avant de les frapper, qu'à blanchir les flans d'argent, et à donner de la couleur aux flans d'or. Pour cela, on les fait recuire dans un fourneau, et lorsqu'ils en ont été tirés et refroidis, on les fait bouillir dans un vase de cuivre avec de l'eau, du sel commun et du tartre : ensuite on les récure avec du sable ; on les lave et on les fait sécher sur un feu de braise placé sous un crible en cuivre, dans lequel on les a mis.

Les flans, ainsi préparés, sont prêts à être frappés. Pendant long-temps cette opération a été faite au marteau ; maintenant elle l'est au moyen du *balancier*, machine qui apporte une grande économie dans la main d'œuvre, en ce qu'elle permet de frapper une bien plus grande quantité de monnaies dans le même temps, elle a eu outre l'avantage de donner des empreintes plus belles.   18*

Le balancier est composé d'une vis, à laquelle est attaché le coin qui porte l'effigie du souverain. Un autre coin, qui porte l'écusson, est dans une espèce de boîte sur laquelle vient s'appuyer le coin d'effigie ; on met la pièce entre les deux coins, et, au moyen du *fléau*, barre de fer placée horizontalement (dans laquelle est enclavée la vis), et garnie à chaque extrémité d'une boule de plomb, on lui donne le mouvement. La vis tourne dans l'écrou, appuie fortement sur le flan, et lui imprime l'effigie qu'il doit porter. La fabrication des *carrés* ou *coins*, étant très-importante, je vais vous indiquer la manière dont le graveur l'effectue. Il commence par dessiner, et modeler en cire la figure qu'il veut graver. C'est d'après ce modèle en cire que se grave le *poinçon*, qui est un morceau d'acier sur lequel, avant que de l'avoir trempé, on cisèle en relief la figure. Lorsque le poinçon est fini, l'artiste, pour obtenir les carrés ou coins, prend un morceau d'acier qu'il a radouci au feu, et sur lequel il transporte en creux au moyen du balancier, la figure en relief que porte le poinçon. L'empreinte du carré a besoin d'être retouchée, parce qu'il y a des traits qui, à cause de leur délicatesse ou de leur trop grand relief, n'ont pu se marquer.

Lorsque le carré est entièrement achevé, on le trempe, on le polit, et c'est avec lui qu'on peut frapper les monnaies et les médailles destinées à rappeler à la postérité les époques les plus intéressantes de l'histoire et les traits des grands hommes qui ont illustré leur pays.

VINGT-QUATRIÈME SOIRÉE.

Des Mines de Diamans ; de la Manière d'en extraire cette pierre précieuse ; de la Taille du Diamant, et de la manière de le mettre en œuvre.

De toutes les matières dont les hommes sont convenus de faire la représentation du luxe et de l'opulence, le *diamant* est la plus précieuse : les métaux les plus purs, l'or et l'argent, ne sont que des corps bruts en comparaison du *diamant* ; il réunit les plus belles couleurs de l'hyacinte, de la topaze, de l'émeraude, du saphir, de l'améthyste,

Diamans
et
Joaillerie.

Nᵒ 1. Lavage des Diamans par les Nègres.

Nᵒ 2 Lapidaires Egrisant le Diamant.

Nᵒ 3. Taille du Diamant.

Nᵒ 4. Atelier en verre.

Nᵒ 5. Joaillier.

du rubis, etc. ; il surpasse toutes ces pierres par son éclat. Non-seulement il est plus brillant que toute matière minérale, mais il est aussi plus dur ; sa dureté et sa pesanteur spécifique font son vrai caractère distinctif pour les naturalistes. Sa dureté et sa transparence sont les causes du poli vif dont il est susceptible, et des reflets éclatans dont il frappe les yeux. Le *diamant* possède ces diverses qualités à un degré si éminent, que dans tous les siècles, et chez toutes les nations policées, il a été regardé comme la plus belle des productions de la nature dans le règne minéral : aussi a-t-il toujours été le signe le plus en valeur dans le commerce, et l'ornement le plus riche de la société.

Il y a très-peu de *mines* de diamant ; c'est ainsi que l'on nomme les lieux qui recèlent ces pierres précieuses ; il semble que la nature soit avare d'une matière si parfaite et si belle. Le Brésil, contrée d'Amérique, et les Indes orientales paraissent être les seuls pays où l'on en ait trouvé jusqu'à présent. Les *diamans* d'Orient sont les plus estimés. Les mines connues en Asie, sont dans les royaumes de Golconde, de Bengale, sur les bords du Gange et dans l'île Bornéo. On dit qu'il y en a aussi dans le royaume de Pégu ; une des meilleures et des plus riches est la mine de Ruolconda, dans la province de Carnate, à cinq journées de Golconde. Dans ce lieu, la terre est sablonneuse, pleine de rochers, et couverte de taillis : les roches sont séparées par des veines de terre, d'un demi doigt, et quelquefois d'un doigt de largeur ; c'est là qu'on trouve les *diamans*. Les mineurs tirent cette terre avec des fers crochus ; ensuite on la lave dans des sébilles pour en séparer les diamans : on répète cette opération deux ou trois fois, jusqu'à ce qu'on soit assuré qu'il n'en reste plus.

La mine, appelée *gani*, en langue du pays, et située à sept journées de Golconde, est aussi très-renommée ; souvent il y a jusqu'à soixante mille ouvriers, hommes, femmes et enfans, occupés à l'exploiter. Quand on est convenu de l'endroit où l'on veut fouiller, on en aplanit un autre aux environs ; on l'entoure de murs de deux pieds de haut, et, d'espace en espace, on laisse des ouvertures pour l'écoulement des eaux ; ensuite on fouille le premier endroit. Les hommes ouvrent la terre, les femmes et les enfans la transportent dans l'endroit circonscrit de murs. On continue la fouille jusqu'à ce qu'on ait trouvé de l'eau : cette eau n'est pas inutile ; on s'en sert pour laver la terre qui a été mise en réserve, et, après avoir été jetée dessus, elle s'écoule par les ouvertures qui sont aux murs. La terre ayant été lavée deux ou trois fois, on la laisse sécher, ensuite on la vanne dans des paniers faits exprès. Cette opération finie, on bat la terre grossière qui reste, pour la vanner de nouveau deux ou trois fois; alors les ouvriers cherchent les *diamans* à la main, maniant cette terre jusqu'à ce qu'ils les aient tous retirés. Une rivière de Bengale, appelée *Goüel*, fournit aussi des *diamans*; lorsque les eaux en sont assez basses pour reconnaître et distinguer la qualité du sable au fond de la rivière, un grand nombre d'ouvriers la remonte jusqu'aux montagnes d'où elle sort. Quand on a choisi l'endroit où l'on veut travailler, on détourne le cours de l'eau, ensuite on tire le sable à la profondeur de deux pieds; on le porte à peu de distance dans un lieu entouré de murs, et l'on emploie, pour en extraire les diamans, les mêmes moyens que ceux que je vous ai précédemment indiqués.

La grosseur du *diamant* varie à l'infini : il est assez ordinairement sans couleur; néanmoins, on en trouve de toutes les couleurs et de toutes les nuances.

La netteté et la transparence sont des qualités qui distinguent un beau *diamant* ; ces qualités dépendent de la nature, mais l'éclat et la vivacité viennent de la *taille* que leur donne le *lapidaire*, ou *diamantaire*.

Au sortir de la mine, le diamant est revêtu d'une croûte obscure et grossière qui laisse à peine apercevoir quelque transparence dans l'intérieur de la pierre : en cet état on l'appelle *diamant brut*. Cependant il s'en présente parfois qui se trouvent polis naturellement et tout-à-fait transparens : quelques-uns même sont facetés; il n'y a pas d'apparence que les anciens aient reconnu et recherché d'autres diamans que ces derniers. Quelque imparfaits que la nature les eût formés, on ne laissa pas de les regarder long-temps comme ce qu'elle offre de plus rare et de plus précieux.

La taille du *diamant* est une découverte moderne, qui ne doit son origine qu'à un coup du hasard. Louis *de Berquen*, natif de Bruges, est le premier qui la mit en pratique, en l'année 1470. Jeune alors, sortant des classes et né d'une famille noble, il n'était nullement initié dans l'art de polir les pierres précieuses qui paraît être très-ancien. Il avait éprouvé que deux diamans s'entamaient, si on les frottait fortement l'un contre l'autre; il n'en fallut pas davantage pour faire naître dans son esprit industrieux et capable de méditation, des idées plus étendues.

Il prit deux diamans, les monta sur le ciment et les *égrisant*, l'un contre l'autre, il parvint à y former des facettes assez régulières. Après quoi, à l'aide d'une roue de fer qu'il avait inventée et de la poudre tombée de ces mêmes diamans en les égrisant, et qu'il avait eu soin de recueillir, il acheva, en promenant ces diamans sur cette poudre, de leur donner un poli parfait.

Les Français se sont adonnés assez tard à la taille du diamant; ils n'y parurent pas d'abord fort habiles, mais ensuite ils y firent de très-grands progrès, et les *lapidaires* de Paris ont amené cet art à un tel point de perfection qu'il n'est pas présumable qu'on puisse le porter plus loin.

Le *diamant* et toutes les pierres précieuses se taillent comme l'acier et comme les cristaux, au moyen de meules ou de roues, faites de métal; mais ces substances étant extrêmement dures, il faut, pour pouvoir les user, que la poussière dont on recouvre les meules soit aussi dure que les substances elles-mêmes : ainsi, le *diamant* ne peut se polir qu'avec la poudre de diamans *égrisés* l'un contre l'autre; il en est de même des autres pierreries.

Les roues, qui sont employées à la taille du diamant, sont mues horizontalement par le moyen d'un tour, et les dimensions de la roue et de la meule sont calculées de manière qu'en donnant au tour une faible impulsion, la meule tourne avec une grande vitesse; le diamant alors, malgré sa dureté, obéit aux souhaits du *lapidaire*, sans qu'il soit obligé de faire autre chose que de le déplacer pour mordre sur une face nouvelle, et d'y jeter à propos quelques gouttes d'huile et de la poudre de diamant. Le diamant taillé offre des faces de différentes figures, et inclinées sous différens angles, ce qui leur donne des reflets et des rayons de feu qui sont une apparence de réfraction dans laquelle on voit en petit les couleurs du cercle solaire; c'est-à-dire du rouge, du jaune, du bleu, du pourpre, etc.

On n'employait le *diamant* que fort rarement en France sous le règne de Louis XIII; toutes les parures étaient alors composées de perles et de pierres de couleur, parmi lesquelles les plus estimées ont été, de tout temps, le rubis, l'émeraude, le saphir, la topaze, la turquoise, l'améthyste, etc. Sous Louis XIV, le *diamant* commença à être en vogue, et bientôt il obtint la préférence sur toutes les autres parures de pierres précieuses.

Le commerce de diamans et de pierreries se fait par les *joailliers*, qu'on appelle aussi *bijoutiers*, et ce sont eux qui les mettent en œuvre. Les ouvrages qui font l'objet de la bijouterie ou joaillerie sont très-multipliés, ils comprennent tous les bijoux d'or et d'argent, et de toute autre matière précieuse qui font l'ornement de la toilette.

Pour vous donner, mes enfans, une idée de la main d'œuvre du *joaillier*, je vais vous indiquer comment on monte une pierre quelconque pour en former une bague.

Quand on veut faire une bague à une pierre seule, on prend une *sertissure* d'or, qui est un fil d'or que l'on adapte à la pierre et dont on l'entoure. Après cette opération, on fait le fond de la bague ; à cet effet, on a une plaque qu'on *emboutit*, c'est-à-dire, qu'on creuse dans un dé à *emboutir* avec une *bouterolle*. Le *dé à emboutir* est un morceau de cuivre de deux pouces et demi, carré, percé de plusieurs trous de différentes grandeurs. La *bouterolle* est un morceau de fer, long d'environ trois pouces, proportionné à la grandeur d'un des trous du dé à emboutir, et qui doit former celle du fond de la bague. On place cette plaque d'or sur le trou du dé à emboutir, et la bouterolle sur la plaque ; et, en frappant avec un marteau sur les bouterolles, on emboutit la bague comme elle doit l'être. Lorsque le fond est embouti, on l'ajuste sous la sertissure, et on le soude à la lampe, par le moyen d'un chalumeau, avec de la soudure d'or et du borax. On prend ensuite un fil d'or limé en carré ; on le tourne avec des tenailles de la grandeur dont on veut faire le tour de la bague, ayant soin de laisser les deux extrémités plus épaisses que le milieu : on ajuste le tout à la bague sous son fond ; et, quand il est ajusté, on attache les deux parties avec du fil de fer pour les souder ensemble.

Quand la bague est soudée, on y fait des filets tout autour avec un outil d'acier fait exprès ; on l'enfonce ensuite dans une poignée de bois garnie de ciment, pour avoir la facilité de la sertir sans qu'elle vacille.

Pour la *sertir*, on met du noir d'ivoire délayé avec de l'eau, dans l'endroit qui doit servir d'enceinte à la pierre ; et, par le moyen d'un bâton de cire, qui sert à la prendre, on l'ajuste dans *l'œuvre* avec une échoppe, outil qui a un de ses côtés rond et l'autre tranchant. Quand la pierre est ajustée, et qu'elle est bien d'aplomb, on prend une échoppe à arrêter, qui est plate, carrée et presque pointue par le bout avec lequel on serre le métal contre la pierre, pour éviter qu'il y ait

144

Fabrication
du
Tabac

N.º 1 Récolte du Tabac.

N.º 2 Préparation des feuilles.

N.º 3 Atelier des fileurs.

N.º 4 Lavage à Tabac.

N.º 5 Débit du Tabac.

du jour entre l'un et l'autre , on prend ensuite une échoppe plate pour former les griffes de la bague , qui sont ordinairement au nombre de huit , et qui servent à affermir la pierre et à la contenir.

Après ces différentes opérations , on ôte la bague du ciment , et on la polit.

Pour la polir , on y passe d'abord une sorte de pierre qui mange tous les traits que la lime peut avoir faits ; on y passe ensuite de la pierre-ponce délayée dans l'huile , et on en frotte la bague avec un écheveau de fil imbibé dans cette composition ; on la frotte de la même manière avec du tripoli en poudre , délayé dans de l'eau ; et enfin , pour l'aviver et lui donner l'éclat qu'elle doit avoir , on la nettoie avec une brosse ; ce qui lui donne sa dernière perfection.

Il n'y a de différence entre la monture d'un diamant et d'une pierre de couleur , qu'en ce que la sertissure d'un diamant doit être d'argent , et que celle d'une pierre de couleur doit être d'or.

Les joailliers de Paris ne polissent point leurs ouvrages ; ce sont des ouvrières , appelées *polisseuses* , qui y mettent la dernière main.

VINGT-CINQUIÈME SOIRÉE.

De la Culture et de la Fabrication du Tabac.

Tout ce qui , dans un état , favorise la main d'œuvre et le commerce , mérite , mes enfans , de fixer notre attention , lors même qu'il s'agit d'un genre d'industrie provenant d'un usage qui pourrait nous sembler ridicule et bizarre.

Le *tabac* est, de sa nature, une herbe âcre, caustique, narcotique et vénéneuse : toutefois , d'après les préparations que l'art a trouvé moyen de lui faire subir , il est devenu dans l'espace d'un siècle , par la singularité de la mode et par l'empire de l'habitude , un objet de délices , et quelquefois de nécessité. On le prend , soit en poudre par le nez , soit fumé , à l'aide de *pipes* , soit en *machicatoire*.

Cette plante, inconnue dans notre hémisphère, avant la découverte de l'Amérique par les Espagnols, est maintenant, en France, la source d'une branche considérable d'agriculture , à raison de la consommation qui s'en fait tant

19

dans l'intérieur du royaume qu'à l'extérieur. Son introduction sur notre Continent fut accompagnée de circonstances curieuses que je vais vous raconter.

Les Espagnols connurent cette plante vers l'an 1520, à *Tabaco*, ville située dans le Mexique, où elle était nommée *Petun.* C'est là que, pour la première fois, ils en firent usage à l'imitation des Indiens, et qu'ils l'appelèrent *tabac*, du nom du lieu où ils l'avaient trouvée.

Transportée en Europe, elle fut livrée par un marchand flamand à M. Nicot, ambassadeur français à la cour de Portugal ; de retour en France, il la présenta à la reine Catherine de Médicis, ce qui fit donner à cette plante le nom de *nicotiane* et d'*herbe à la reine*. Mise en réputation par M. le grand-prieur de Malte, elle reçut le nom d'*herbe de grand prieur*. M. le cardinal de Sainte-Croix, nonce en Portugal, et Nicolas Tornabon, légat en France, l'ayant introduite en Italie, on lui donna encore le nom de *Sainte-Croix*, de *Tornabone*, et ensuite d'*herbe sainte*, à cause des vertus qu'on lui attribuait ; cependant, loin d'être accueillie de tout le monde, elle alluma en Europe une guerre très-vive entre les savans : les ignorans, en grand nombre, y prirent parti, et les femmes se déclarèrent pour ou contre son usage. On écrivit plus de cent volumes pour louer ou pour blâmer le *tabac*. On soutint même à Paris une thèse de médecine tendant à le proscrire ; mais en dépit des adversaires qui en attaquèrent l'usage, ce luxe nouveau séduisit toutes les nations et se répandit presqu'en tous lieux.

Cependant on ne se contenta pas de le combattre avec la plume, les foudres du Vatican l'atteignirent : le pape Urbain VIII lança une bulle d'excommunication contre ceux qui prenaient du tabac dans l'église. Les plus puissans monarques le proscrivirent. Le grand Michel Fédérowitz, voyant que la capitale de ses états, bâtie de maisons de bois, avait été presque entièrement brûlée par un incendie, résultat de l'imprudence de fumeurs qui s'endormirent la pipe à la bouche, interdit l'entrée et l'usage du tabac dans ses états, sous peine de la bastonnade, châtiment très-cruel dans ce pays ; ensuite, sous peine d'avoir le nez coupé, et enfin sous peine de mort. Amurat IV, empereur des Turcs, et le roi de Perse, Scah-Sophi, firent les mêmes défenses dans leurs états et sous les mêmes peines. Plusieurs monarques d'Occident, plus habiles politiques, chargèrent de droits exorbitans l'entrée du *tabac* dans leurs royaumes, et laissèrent s'établir un usage qui leur procurait des sommes considérables, et qui est devenu si universel, que les plantations de *tabac* se sont multipliées dans toutes les parties du monde.

L'usage du tabac en poudre peut offrir des inconvéniens ; mais on ne saurait disconvenir que, pris en fumée, il ne soit très-utile pour rendre les soldats et les matelots moins sensibles à la disette des vivres, assez fréquente dans les armées ou vaisseaux, et surtout pour préserver les marins des attaques du scorbut.

Le *tabac*, quoique originaire des climats chauds, vient assez bien dans tous les pays. Cette plante pousse une tige de quatre à cinq pieds de haut ; ses feuilles, d'environ un pied de long, dépourvues de queue, sont épaisses, molasses, velues, un peu pointues, nerveuses, de couleur verte tirant sur le jaune, glutineuses au toucher, d'un goût âcre et brûlant. Le haut de la tige se divise en plusieurs rejetons qui soutiennent des fleurs faites en godets, découpées en cinq parties et de couleur purpurine ; à ces fleurs succèdent des fruits membraneux, oblongs, partagés en deux loges, contenant beaucoup de semences petites et rougeâtres, qui servent à la reproduction de la plante, qui, en totalité, exhale une odeur très-forte.

Dans plusieurs provinces de la France, particulièrement en Alsace, on cultive le *tabac* avec succès ; d'abord on le sème sur couches au mois de mars et d'avril, et, vers la fin de mai, on le transplante pour en faire la récolte aux mois d'août et de septembre. Lorsque les tiges sont à leur degré de maturité, on les arrache et on les suspend sous des hangards afin de les faire sécher ; après quoi on sépare les feuilles des tiges, et on les assemble au nombre de dix à douze, pour en former de petites bottes, qu'on renferme dans des sacs.

Les matières premières que l'on emploie dans les manufactures de France pour fabriquer le tabac, sont des feuilles indigènes, des feuilles de Virginie, de la Louisiane (1), de la Hollande et du Levant.

La première opération que subissent ces feuilles consiste à les dégager des sables et de la poussière dont elles ont pu se charger ; on sépare ensuite les feuilles viciées de celles qui sont en bon état, et lorsqu'elles ont été partagées en

_____

(1) Contrées d'Amérique.

19 *

différentes qualités, elles sont aspergées légèrement avec une préparation ou *sauce*, qui est composée principalement de sel marin dissous dans de l'eau ; ensuite on les met en tas pendant plusieurs jours ; à la faveur de l'eau dont elles ont été arrosées, elles s'amollissent et commencent à fermenter. Au bout de trois ou quatre jours, on porte ce tabac dans un atelier où des femmes et des enfans n'ayant pour l'ordinaire que cinq à six ans, sont employés à ôter les côtes des feuilles. Ces côtes servent à faire le tabac de troupes, et les feuilles sont portées aussitôt dans l'atelier des *fileurs*, qu'on appelle aussi *torqueurs*. La fonction de ces ouvriers est de filer le tabac en manière de grosses cordes. Leur atelier est garni de deux rangées de tables d'environ trois pieds et demi de long sur deux et demi de large, et qui ont, à une de leurs extrémités, une espèce de rouet garni d'une bobine ; des enfans et des femmes sont auprès de ces tables ; leur occupation est de séparer les feuilles les plus larges d'avec celles qui sont étroites. Ces dernières sont disposées par petites poignées, selon que l'exige la grosseur de la corde que l'on file, et, pour cet effet, elles sont mises à la portée du torqueur. Les feuilles les plus larges sont étendues et placées aussi près de lui ; il les prend pour en former le dessus de la corde à mesure qu'elle se fabrique. Lorsque cet ouvrier commence la corde, un enfant est occupé à tourner le rouet, et a soin de l'arrêter quand il est nécessaire d'entortiller la corde autour de la bobine. Ces cordes sont plus ou moins grosses, suivant l'usage auquel on destine le tabac.

Ces bobines étant suffisamment chargées, on les porte dans un autre atelier, où elles sont dévidées pour former de gros *rouleaux* qu'on a soin de serrer fortement ; ces rouleaux sont enveloppés chacun de papier, et emmagasinés jusqu'à ce qu'ils aient acquis par la garde et la fermentation le point de maturité convenable.

Après être restés environ six mois en dépôt, on met en *bouts* les cordons des rouleaux, si on veut en former des *carottes*, forme sous laquelle on met le tabac destiné à être pris en poudre. Pour cela, on coupe ces rouleaux en plusieurs parties d'égales longueurs ; on les met quatre, six ou huit ensemble, après les avoir auparavant frottés avec un peu d'huile à la surface. Alors, on les renferme dans des moules dont l'intérieur est d'une figure cylindrique ; es moules, remplis de tabac, sont mis sous une presse d'une construction très-forte, et par la pression considérable qu'ils reçoivent, les différens bouts amalgamés ensemble, ne forment plus qu'un tout très-uni.

Lorsque le tabac a été ainsi comprimé, pendant quarante-huit heures, on le retire des moules, et on le porte dans un atelier où il est ficelé, cacheté et étiqueté; à la suite de cette opération, on le laisse encore en dépôt dans des magasins, jusqu'à ce qu'il soit perfectionné; la fermentation douce qu'il y subit lui communique les qualités désirables, et, lorsqu'il est enfin parvenu au degré de bonté, qu'il doit avoir pour être livré en vente, on le met en poudre au moyen de râpes, ou de moulins mus par des chevaux.

Le tabac destiné aux fumeurs, ou à ceux qui le mâchent, n'a pas besoin de ces dernières préparations.

Le gouvernement français a confié le privilége exclusif de l'achat de la fabrication et de la vente du tabac à la régie des contributions indirectes; et cette administration a établi dans les villes et dans divers lieux du royaume, des *débits* de *tabac* où le consommateur peut s'approvisionner, suivant son goût, de tabacs de différentes sortes et de différentes qualités.

VINGT-SIXIÈME SOIRÉE.

Des Arts mécaniques qui servent à perpétuer les Pensées de l'Homme.

Après vous avoir fait passer en revue, mes enfans, la plus grande partie des arts et métiers qui ont pour but nos besoins individuels, soit de nécessité, soit d'agrément ou de luxe, je vais maintenant appeler votre attention sur la naissance et les progrès des arts, qui ont servi à étendre le cercle des connaissances acquises d'âge en âge, en établissant la communication des idées, et en procurant aux hommes le moyen de perpétuer leurs pensées, et de léguer ainsi, à leurs successeurs, le fruit de leurs réflexions, de leurs études, de leurs observations et de leurs travaux.

Ces divers arts, dont l'ingénieuse invention semble tenir du prodige, sont : L'*art de l'écriture*, l'*art de fabriquer le papier*, et l'*art de l'imprimerie*. Au degré de perfection où ils sont arrivés, et d'après les mutuels secours qu'ils se prêtent, on pourrait les considérer sous un même point de vue, comme étant également nécessaires à l'accroissement des lumières, et à l'avancement des sciences et des beaux-arts ; néanmoins, leur originine se rapportant à des époques très-éloignées les unes des autres, je vous parlerai de chacun d'eux en particulier.

De l'Art de l'Ecriture.

Dans tous les temps, dans tous les pays, et chez tous les peuples, on a cherché les moyens de conserver la mémoire des événemens et des découvertes dignes de la postérité ; pour transmettre le souvenir des faits importans, on a successivement imaginé différens moyens ; la tradition, aidée de quelques monumens grossiers, est le premier qu'on ait employé pour parvenir à ce but ; l'usage était, dans les siècles reculés, de planter un bois, d'élever un autel ou des monceaux de pierres, d'établir des fêtes, et de composer des espèces de cantiques à l'occasion des événemens remarquables. Presque toujours on donnait aux lieux où s'était passé quelque fait intéressant, un nom relatif à ce fait et aux circonstances qui l'avaient accompagné ; mais l'*écriture, cet art de peindre la parole et de parler aux yeux,* n'a été connu qu'assez tard ; je vais essayer, mes enfans, de remonter à son origine. L'homme, doué par la nature de l'organe de la parole, avait su d'abord, par la combinaison de différens sons, communiquer ses idées et ses sentimens à ses semblables ; ainsi s'est formé le langage des peuples ; mais les sons, ne pouvant s'étendre au-delà du moment et du lieu où ils sont proférés, le besoin d'entretenir des relations avec les absens, le désir de fixer la parole, et de donner à la pensée une existence durable, a fait inventer des figures et des caractères pour les représenter ; on commença par dessiner tout naturellement les images des choses ; ainsi, pour exprimer l'idée d'un homme ou d'un cheval, on a dessiné la forme de l'un ou de l'autre. Les premiers essais n'étaient donc, mes enfans, qu'une simple peinture ; cette méthode paraît être la seule que suivirent d'abord les Egyptiens ; mais, dans la suite, leur *écriture,* qu'on a qualifiée d'*hiéroglyphique,* devint peinture et caractère. Voulaient-ils représenter deux armées en bataille, ils peignaient deux mains, dont l'une tenait un bouclier et l'autre un arc. Un œil et un sceptre, représentaient

Fabrication
DU PAPIER

N.º 1. Atélier où l'on délime les Chiffons.

N.º 2. Pourrissoirs.

N.º 3. Moulin à Papier.

N.º 4. Moulin à Papier.

N.º 5. Étendage et Collage.

un monarque; un vaisseau avec un pilote, signifiaient le gouvernement de l'univers. Ils inventèrent, en outre, plusieurs autres sortes d'écritures, les unes plus simples, les autres plus composées, mais qui n'avaient aucun rapport avec l'écriture actuelle; les caractères dont on se servait représentaient des objets, ceux dont nous nous servons représentent des sons. Un génie heureux, on prétend que ce fut le secrétaire d'un des premiers rois d'Egypte, appelé *Toït* ou *Tot*, reconnut que le discours, quelque varié, quelque étendu qu'il pût être pour rendre les idées, n'était pourtant composé que d'un assez petit nombre de sons, et qu'il ne s'agissait que de leur assigner un caractère représentatif; il inventa des *lettres*, qui chacune en particulier, furent destinées à marquer des sons simples : on en forma des sons composés, et enfin les mots et les syllabes. L'on dressa de ces *lettres* une table ou liste, c'est ce qu'on appelle l'*alphabet*.

L'invention des lettres *alphabétiques* fit abandonner peu après aux Égyptiens l'usage des caractères hiéroglyphiques. L'utilité de l'*écriture*, une fois connue, plusieurs nations s'empressèrent d'apprendre cet art; Solon, dans les lois qu'il donna aux Athéniens, en recommanda l'instruction; Homère corrigea la rudesse des caractères; depuis, cet art s'est perfectionné de siècle en siècle.

Je ne vous entretiendrai pas, mes enfans, de la nécessité de savoir écrire; vous savez en apprécier les avantages : vous n'ignorez pas combien cet art, si simple en lui-même, est fécond dans ses effets; vous n'avez pu voir sans admiration, que quelques lignes courbes et droites devinssent propres, par leurs combinaisons diversifiées, à exprimer ce que l'esprit peut concevoir de plus brillant; ce que le cœur peut éprouver de plus doux ou de plus pénible, ce que les perceptions de l'entendement peuvent avoir de plus délicat.

Des Matières propres à recevoir l'Ecriture; de l'Invention et de la Fabrication du Papier.

Dès que les hommes eurent trouvé les moyens de représenter leurs idées par des figures, il fallut choisir des matières pour y dessiner ces caractères; d'abord on les traça sur l'argile, sur la pierre, sur des peaux d'animaux, principalement sur celles des boucs et des moutons , dont on fit par la suite le *parchemin* et le *vélin*. Des plaques de plomb , des tablettes de bois , de cire , d'ivoire , et surtout les feuilles , les pellicules , et l'écorce des arbres servirent à recevoir l'*écriture ;* enfin les Egyptiens employèrent à cet usage une plante appelée *papyrus* , qui croissait sur les bords du Nil. On en divisait les fortes tiges en lames très-minces , on les arrosait avec de l'eau , on les faisait ensuite sécher au soleil, puis on les croisait en tous sens et on les mettait à la presse. La feuille du papyrus servait aussi à fabriquer du papier , mais le plus beau était celui qu'on fabriquait avec la matière qui est sous l'écorce des arbres, et que l'on nomme proprement *liber*, mot latin qui nous a donné celui de *livre*. Les Egyptiens firent pendant long-temps , dans tout le monde , un grand commerce de leur papier, mais son usage fut entièrement abandonné vers le commencement du douzième siècle , par l'introduction d'un papier fait avec du coton broyé et réduit en bouillie, puis séché dans des formes, où il prenait la consistance d'une légère feuille de feutre.

Mais les Européens qui n'avaient pas de coton, et qui envoyaient de grandes sommes d'argent en Asie pour s'en procurer , essayèrent d'y suppléer au moyen des filamens du lin et du chanvre ; il leur parut d'abord qu'il était impossible de s'en servir à raison de leur longueur et de leur dureté; toutefois on s'aperçut que , lorsqu'ils avaient été employés en toile, et assouplis par l'usage , ils se trituraient parfaitement. Enfin l'on en fabriqua un papier qui ne le cédait qu'au parchemin pour la force, mais qui l'emportait sur tous les autres pour la blancheur : découverte heureuse , qui prolongea la durée des livres par la bonté de la matière ; qui en aida la multiplication par la modicité du prix, et qui en facilita la lecture par l'opposition des couleurs ! Outre l'avantage que les lettres et les sciences en retirèrent , cette invention fut pour l'Europe la source d'un grand produit : vers les treizième et quatorzième siècles , époque où les bibliothèques commencèrent à se multiplier, elle attira chez nous cette importante branche de commerce.

Le *papier européen*, dont on se sert aujourd'hui dans toutes les parties du monde, n'est qu'un composé de vieux morceaux de linge ou de toute autre étoffe, qui ne pouvant plus servir à nos usages, sont mis au rebut. Cependant , quelque inutiles qu'ils soient en apparence , ils deviennent l'objet d'un trafic important, à raison de l'emploi qu'on en fait en les changeant de nature. Ceux qui s'adonnent à ce trafic , et qu'on appelle *chiffonniers*, pattiers, ou *drilliers* , vont acheter ou ramasser ces vieux chiffons dans les villes et dans les villages. Il en est même qui en cherchent dans les immondices au coin des rues et aux portes des maisons.

Dans nos manufactures , et nous en avons beaucoup, surtout en Auvergne, on appelle ces lambeaux de toute espèce, *pates , drapeaux* ou *drilles*.

On préfère , dans toutes les papeteries, les morceaux de toiles blanches et fines de chanvre et de lin à tous les autres. Les chiffons de laine ou de soie ne sont propres qu'à faire du papier gris , et encore est-on obligé d'y mettre beaucoup de gros linge.

Avant d'employer les chiffons, on a soin de les faire sécher , ensuite on les *délisse*. Cette opération consiste à découdre les ourlets avec un couteau, à séparer les différentes qualités de chiffons , afin qu'on en puisse former ensuite autant de sortes de papiers ; ce travail exige du soin , parce que la beauté du papier dépend en grande partie de la qualité du linge. Après ce triage , les chiffons sont lavés et mis encore mouillés dans une cuve de pierre ou dans un lieu pratiqué exprès qu'on appelle *pourrissoir*; les chiffons fermentent, pourrissent, et sont alors coupés en petits morceaux à l'aide du *dérompoir* , lame attachée sur un établi. On porte ensuite ces morceaux au *lavoir*, pour les dégager totalement des ordures qu'ils pourraient contenir encore.

Ces préparations terminées , on réduit ces chiffons en une espèce de bouillie ou pâte , soit par l'action de *moulins à pilons* , soit par l'action de *moulins* à *cylindres*.

Ces deux sortes de moulins sont mus également par un courant comme le sont les moulins à eau ordinaires; dans les uns les chiffons sont broyés, la pâte dégrossie et affinée dans des espèces de *mortiers* , garnis , dans le fond , d'une plaque de fer, et dans lesquels tombent alternativement des *maillets* ou *pilons* aussi garnis de fer par le bout; dans les autres le travail de la pâte se fait dans des cuves oblongues, de bois de chêne, revêtues de plomb dans leur intérieur, et par le moyen de trois espèces de cylindres, savoir : les *cylindres effilocheurs* , les *cylindres affineurs* qui tous sont en bois et armés, de distance en distance, de barres de fer, et les *cylindres affleurans*; ces derniers , faits simplement en bois, ne servent qu'à délayer la pâte lorsqu'on veut la mettre en œuvre.

20

Lorsque la pâte a été suffisamment affinée, soit par le travail des pilons, soit par celui des cylindres, on la porte dans des caisses de dépôt, ou, si l'on veut l'employer de suite, on la met dans une cuve remplie d'eau qu'on tient toujours chaude ; on remue cette pâte avec une fourche afin que l'eau s'en trouve également chargée, et que le papier qui doit en être fabriqué soit d'une même finesse ; en cet état la pâte est bonne à jeter en moule.

Le moule qui doit former la feuille en lui donnant sa hauteur, sa largeur et son épaisseur, est un châssis de bois, garni de fils de laiton très-serrés les uns contre les autres, et joints de distance en distance par de plus gros fils ; en deux endroits s'élève ordinairement un lacet ou filigrane, soit de laiton, soit d'argent, pour imprimer sur la feuille qui s'y formera la marque du fabricant, et une empreinte servant à caractériser chaque espèce de papier.

Pour travailler au *papier* l'ouvrier plonge la forme dans la cuve, d'où il la retire couverte de cette pâte liquide dont le superflu s'écoule à l'instant par les interstices du fil de laiton ; la matière restante est étendue sur la forme par l'ouvrier, qui la secoue doucement de droite à gauche, de gauche à droite et en arrière. Par ces mouvemens les parties de cette pâte si fluide se tiennent et s'accrochent mutuellement, et il reste sur la forme une véritable feuille de papier qu'on laisse égoutter pendant quelques secondes, avant de la donner au *coucheur*, dont la fonction est de coucher chaque feuille sur un *feutre* ou étoffe de laine blanche et douce.

Tandis que l'ouvrier fait une seconde feuille en plongeant une seconde forme dans la cuve, le *coucheur* couvre la première d'un second *feutre* pour recevoir l'autre feuille qui se fabrique, et ainsi successivement jusqu'à ce qu'il y ait une pile suffisante de *feuilles de papier* pour être mise à la *presse*, dont l'effet est d'exprimer une partie de l'eau contenue dans le corps de chaque feuille. Ensuite un ouvrier qu'on nomme *leveur* enlève les *feutres*, et les feuilles sont mises à la *pressette*, qui achève de sécher le papier et en rend le grain plus égal. Au sortir de cette seconde presse, le *papier* est arrangé par paquets de sept à huit feuilles dans des étendoirs, et on le met sécher sur des cordes ; lorsqu'il est bien sec, on le colle en plongeant plusieurs feuilles ensemble dans une chaudière de cuivre remplie d'une colle très-claire, et un peu chaude, faite de rognures de cuir, ou de ratures et morceaux de

GRAVURE
en caractères Fonderie et
IMPRIMERIE

N.º 1. Graveurs en Caractères.

N.º 2. Fonderie.

N.º 3. Dernière Façon à donner aux Caractères au sortir du Moule.

parchemin, dans laquelle on ajoute quelquefois de l'alun ; à défaut de cette opération importante, le *papier* s'imbiberait de l'eau que contient l'encre, et l'écriture ne pourrait s'y tracer d'une manière distincte.

Les feuilles collées passent à la presse, de la presse à l'*étendoir*, et des cordes de l'étendoir elles reviennent à la presse. On les *trie* ensuite pour en ôter les feuilles défectueuses. On *lisse* les bonnes avec une pierre à fusil. On les plie en deux, et on les assemble au nombre de vingt-cinq pour en former des *mains;* ces mains repassent sous la presse, où elles sont ébarbées par le retranchement de leurs parties inégales ; quelquefois elles sont rognées , comme il se pratique pour le papier à lettres.

Vingt de ces *mains* réunies, empaquetées de gros papier et ficelées, font ce qu'on appelle une *rame.* Le papier mis en rame passe pour la sixième fois à la presse, et il est alors versé dans le commerce.

On ne lisse point, et on ne colle point, ou fort peu en France, le papier qu'on destine pour les imprimeries, mais on le presse bien plus fortement que le papier à écrire.

VINGT-SEPTIÈME SOIRÉE.

De l'Art de l'Imprimerie.

Sous le rapport du mécanisme de l'art et de l'avancement des sciences qui se perfectionnent toujours à mesure qu'elles se répandent, *l'imprimerie* est l'invention qui fait le plus d'honneur à l'esprit humain. Conservatrice de toutes les autres, c'est elle qui, non-seulement multiplie les connaissances, mais encore qui les transmet jusqu'à la fin des siècles ; dépositaire de l'histoire des peuples , elle éternise à jamais le souvenir des belles actions des hommes illustres, et elle entretient et excite de plus en plus, chez toutes les nations , cette noble envie d'être les premiers à inventer et à perfectionner les arts.

Toutes les productions des beaux-arts , à l'exception des productions littéraires, périssent à la longue ; édifices,

20*

tableaux, statues, cèdent aux ravages du temps; mais l'*imprimerie*, en conservant la mémoire des créations du génie, élève à la gloire de leurs auteurs des monumens indestructibles. Les littérateurs recueillent de ce bel art un avantage plus précieux encore; on peut multiplier leurs écrits à peu de frais, et, avec une rapidité surprenante, en tirer sans cesse de nouveaux exemplaires, sans que les copies cèdent aux originaux.

Plusieurs villes ont revendiqué l'honneur d'avoir vu naître les premiers inventeurs de l'*imprimerie*; mais, parmi elles, Mayence a, suivant l'opinion assez généralement reçue, le plus de droit à ce titre de gloire. Jean *Guttemberg*, né dans cette ville, est, dit-on, le premier à qui l'on doit la découverte de cet art. Après avoir fait, vers l'an 1440, plusieurs tentatives, le besoin de fonds l'obligea d'avoir recours à *Jean Faust* ou *Fust*, homme riche, et comme lui habitant de Mayence. Leurs efforts réunis ne produisirent d'abord que des essais très-imparfaits; et leurs premiers travaux se réduisirent à graver des caractères sur des planches de bois, ce que les Chinois avaient fait depuis long-temps. Ils s'adjoignirent Pierre *Schœffer*, domestique de l'un d'eux, qui devint depuis le gendre de *Jean Faust*, son maître. Ce nouvel associé leur fit sentir les inconvéniens de leur méthode, qui, outre sa lenteur, les embarras et les dépenses qu'elle occasionait, ne laissait pas la possibilité de corriger les fautes qui se glissaient dans l'impression; alors ils imaginèrent des lettres mobiles. D'abord ils les firent en bois; mais ces lettres n'avaient jamais entre elles la même ressemblance pour l'œil; d'ailleurs, par le défaut d'inégalité parfaite, elles formaient toujours un alignement vicieux. A force de recherches, *Schœffer* imagina enfin de graver des poinçons, avec lesquels il frappa des matrices qu'il surmonta d'un moule dans lequel il coula du plomb fondu. Cette heureuse idée donna alors naissance à l'*imprimerie* telle qu'elle est aujourd'hui, et le premier ouvrage, que l'on croit avoir été imprimé avec ces caractères, est une *bible latine*, exécutée entre les années 1450 et 1455.

L'art de l'*imprimerie* fut bientôt connu et pratiqué dans toutes les villes où l'étude des lettres était en honneur. Il acquit un nouveau degré de perfection, en 1495, par l'invention des caractères *italiques*, imaginés par *Alde Manuce*.

Dès l'an 1470, plusieurs imprimeurs allemands s'établirent à Paris. L'on rapporte l'origine de l'*Imprimerie royale de*

France au règne de François Ier., mais ce fut surtout le cardinal de Richelieu qui, sous Louis XIII, l'enrichit et la rendit célèbre.

Un grand nombre d'imprimeurs ont acquis de la renommée par leurs connaissances et par leurs talens typographiques : leurs noms, inscrits dans les annales des sciences et des arts, passeront à la postérité.

L'art de l'imprimerie est susceptible d'être divisé en trois parties, 1°. l'art de graver les poinçons ; 2°. l'art de fondre les caractères, et 3°. l'art d'en faire usage.

On peut regarder les graveurs de poinçons, comme les premiers auteurs de tous les caractères mobiles avec lesquels on a imprimé depuis l'origine de l'imprimerie ; ce sont eux qui les ont inventés, corrigés et perfectionnés par une suite de progrès longs et pénibles, et qui les ont enfin portés au point où nous les voyons.

La première opération consiste à graver le *poinçon*, qui doit servir de moule à la lettre.

Les lettres sont composées de parties blanches et de parties noires ; les premières sont creuses et les secondes sont saillantes, et c'est leur empreinte qui donne la lettre. Pour exécuter le poinçon, on choisit un morceau de bon acier sur lequel on grave en creux la lettre ; c'est ce qu'on appelle le *contre-poinçon*, et c'est lui qui doit servir à la confection du *poinçon*. Pour le faire, il suffit de prendre une petite barre d'acier, de la grosseur convenable : on dresse bien exactement la face qui doit recevoir l'empreinte du contre-poinçon ; on recuit la barre d'acier, et on la met dans un *tas* qui a une ouverture destinée à recevoir le poinçon. On applique, sur la face dressée, le contre-poinçon qu'on enfonce d'une ligne dans le corps du poinçon, qui reçoit ainsi l'empreinte de la lettre. Cette empreinte ne pouvant être parfaite, elle a besoin d'être retouchée à la lime, et quelquefois d'être finie au burin.

Les poinçons servent à faire les matrices, qui sont le véritable moule de la lettre ; ce sont de petits parallélipipèdes de cuivre, longs de quinze à dix-huit lignes et d'une largeur proportionnée à celle de la lettre, sur laquelle on applique le poinçon que l'on enfonce avec plusieurs coups de marteau, de manière que le cuivre prend exactement la forme du poinçon.

Les matrices frappées, on dispose le moule, espèce de petite boîte, au fond de laquelle on met la matrice.

Il est percé d'une ouverture pour l'introduction du métal avec lequel on doit couler les lettres. Ce métal est une combinaison de plomb et d'antimoine, qui a la propriété d'être très-fusible, et cependant assez dure pour que les lettres puissent résister à la pression qu'elles éprouvent lorsqu'on imprime.

On fond le métal : on prend de la main gauche le moule, et de la droite une petite cuiller de fonte, qui ne tient pas plus de métal qu'il n'en faut pour une lettre; on verse le métal dans le moule ; la lettre formée, on renverse le moule pour qu'elle s'en détache; dès que la lettre est sortie, on en coule une nouvelle, et l'on réitère cette opération jusqu'à deux et trois mille fois par jour.

Au sortir du moule, la lettre porte à l'extrémité qui touchait à l'ouverture par laquelle on a versé le métal, une éminence de matière de forme pyramidale qu'on appelle *jet :* on rompt ces jets, et l'on frotte sur une meule de grès l'extrémité des lettres auxquelles le *jet* était adhérent. Les lettres devant avoir toutes la même hauteur, on les arrange sur une règle en fer qu'on appelle *composteur*, de manière que le caractère porte sur la surface horizontale du composteur, qu'on place ensuite entre les deux jumelles du *découpoir*, qui est une sorte d'établi très-solide, sur lequel sont fortement fixées ces deux jumelles.

Les caractères étant ainsi arrangés, on les coupe avec un rabot de fer, après quoi on les retire du composteur et on les livre à l'imprimeur.

Le mécanisme de l'imprimerie offre deux opérations très-distinctes, qui sont exécutées par des ouvriers différens : dans la première, qu'on appelle *composition*, le *compositeur* assemble les lettres à côté les unes des autres, conformément à une copie donnée ; dans la seconde, qui est l'*impression* proprement dite, on applique sur le papier l'empreinte des caractères combinés suivant la copie.

Les lettres dont se sert le *compositeur* sont placées dans la *casse*, espèce de long tiroir de bois soutenu sur des tréteaux en pente en forme de pupitre. Elle est divisée en quatre-vingt-dix-huit compartimens, dans chacun desquels il est un certain nombre de la même lettre. Chaque compositeur doit avoir plusieurs casses, de manière à ce qu'il ait à sa disposition plusieurs sortes de caractères et leurs italiques. Outre les caractères, il y a de petits parallélipipèdes du même métal que les lettres qui ont des épaisseurs différentes et qui servent à marquer les alinéa, et à séparer les mots et les lignes. Ces pièces qu'on appelle *quadratins*, *demi-quadratins*, *espaces* et *corps*, sont beaucoup moins hautes que les caractères, afin que n'étant point atteintes par l'encre, elles ne marquent pas sur le papier.

Le *compositeur* ayant ainsi tous les caractères dont il a besoin, prend de la main gauche son *composteur*, qui est une lame de fer ou de cuivre coudée en équerre dans toute sa longueur, et portant au bout un talon. Un semblable talon est attaché à une coulisse qui s'avance ou se recule sur cette lame, suivant sa *justification*, c'est-à-dire, suivant la longueur qu'on veut donner aux lignes. Le compositeur prend une à une les lettres dont il a besoin, et les place à mesure dans le composteur, en ayant soin de séparer les mots avec une *espace* à mesure qu'il les forme. Quand il a ainsi composé une ligne, il l'enlève du composteur et la met sur la *galée*, planche en carré long, plus grande que la page qu'on y dépose, et bordée de trois côtés par un rebord qui soutient les lignes qu'on porte. A chaque ligne qu'il place sur la galée, le compositeur a soin de mettre un *corps* pour séparer les lignes. Quand le nombre de lignes est complet pour former une page, on la lie en l'entourant d'une ficelle, et on l'enlève de la galée en la plaçant sur un *porte-page*, qui est une feuille de papier pliée en trois ou quatre doubles. L'ouvrier continue à former des pages jusqu'à ce qu'il en aie suffisamment pour compléter une feuille ; ce qui varie, suivant le format. Après avoir composé une feuille, l'ouvrier doit l'*imposer*, c'est-à-dire placer les pages dans l'ordre qu'elles doivent avoir ; les entourer de différentes pièces de bois qui formeront la marge de ces pages, et serrer le tout dans un *châssis de fer*. Il prend les pages successivement, les porte sur le *marbre*, dalle de pierre très-unie, et les place à côté les unes des autres, en ayant soin de les ranger suivant l'ordre qui convient à chaque format. La feuille ayant deux côtés exige deux formes ; il faut donc séparer les pages en deux portions : la première pour la forme avec laquelle on doit imprimer le *verso*, la deuxième pour la forme qui correspond au *verso*.

Lorsque les pages d'une forme sont placées sur le *marbre*, le compositeur prend un *châssis* formé en carré long par quatre barres de fer, et croisé au milieu par une cinquième, parallèle à la largeur ; il entoure avec ce châssis les pages d'une *forme*, et remplit l'intervalle qui doit se trouver entre elles par des pièces de bois qu'on appelle *garnitures*, et qui formeront les marges en tous sens. Cette opération est ce qu'on appelle *mettre en forme* ou *imposer*. Pour fixer solidement les pages dans le châssis, on chasse des coins à coups de marteau entre la garniture et le châssis. Quand la forme est ainsi arrangée, on la porte à la presse.

Je ne chercherai pas, mes enfans, à vous décrire le mécanisme de la presse ; il est trop compliqué : d'ailleurs la gravure qui en est l'objet, vous en donnera une idée suffisante ; je vous dirai seulement, pour vous faire comprendre le principe sur lequel il repose, de supposer une espèce de tiroir mobile sur lequel la forme est placée ; ce tiroir peut glisser sous une vis analogue à celle des pressoirs, elle est supportée comme elle par deux montans en bois. On enduit la forme *d'encre d'imprimerie*, au moyen d'une espèce de tampon qu'on appelle *balle*, qui en est chargé. On met sur cette forme la feuille de papier sur laquelle on doit imprimer, en ayant soin de la séparer de la forme par une feuille de carton découpée suivant les pages, pour ne laisser à découvert que ce qui doit être imprimé, et empêcher le reste de la feuille de papier de se noircir sur la forme enduite d'encre.

La forme garnie du papier est recouverte d'une planche de bois doublée en laine qui sert de couvercle. On fait glisser le tiroir sous la vis, et en la tournant on force le papier à s'appuyer sur la forme et à recevoir l'empreinte des caractères. Le papier doit être très-souple pour pouvoir prendre exactement le contours du relief de la lettre et enlever presque toute l'encre dont leur superficie est enduite ; on lui donne la souplesse nécessaire en le trempant légèrement dans l'eau d'un baquet, mais, dans cet état, il est trop mouillé pour qu'il puisse se charger d'encre ; on le sèche un peu en l'étendant sur une planche, et en le chargeant d'un poids qui fait sortir l'eau excédante.

L'ouvrier imprimeur commence par tirer une feuille, et, pour savoir si le *compositeur* a reproduit avec exactitude la copie, il envoie cette feuille, qu'on appelle épreuve, au *correcteur* qui la collationne et corrige en marge les fautes qui s'y trouvent. La forme est alors renvoyée au *compositeur* qui, après avoir desserré la garniture, enlève les lettres fautives, pour y substituer celles qui doivent y être ; il resserre la garniture et renvoie la planche à la presse : on tire une seconde épreuve, et, si elle est correcte, l'ouvrier imprimeur procède au *tirage ;* ce qui s'exécute absolument comme je viens de vous l'indiquer. Lorsque le *tirage* est fait, on ôte la forme de la presse, on la lave avec une

Relieur et Libraire

No 1. Brochure des livres.

No 2. Endossement des livres.

No 4. Presses à rogner et à presser.

No 3. Couture et Dorure.

No 5. Magasin de Librairie.

pour enlever l'encre restée dessus la lettre, on retire la garniture ; ce qu'on appelle briser la planche. Le compositeur prend alors tous les mots les uns après les autres, les lit, et distribue chaque lettre dans son compartiment respectif. Après cette *distribution*, ces mêmes lettres servent à la composition d'une nouvelle feuille. Par ce moyen la quantité nécessaire à l'impression de cinq à six feuilles peut suffire à composer un ouvrage qui en aurait cent, avantage inappréciable des caractères mobiles.

VINGT-HUITIÈME ET DERNIÈRE SOIRÉE.

De la Publication des Ouvrages de Librairie, et de la Reliure des Livres.

La publication des ouvrages imprimés se fait ordinairement par l'entremise d'un *libraire* : cette profession, utile aux lettres, demande des connaissances et des lumières. Quand elle est exercée avec talent et discernement, elle doit être regardée comme une des plus distinguées.

Le commerce des livres remonte à une époque très-ancienne. Parmi les peuples de l'antiquité, ceux qui cultivaient les sciences et les lettres avaient des bibliothèques publiques et particulières. Les Phéniciens mettaient beaucoup de choix dans leurs collections de livres, mais la bibliothèque la plus grande et la plus magnifique qu'on ait connue dans ces siècles reculés, fut celle que les Ptolomées établirent à Alexandrie. Ptolomée, fils de Lagus, un des capitaines et des successeurs d'Alexandre-le-Grand, commença à la former ; il fit rechercher à grands frais des livres chez toutes les nations amies des lettres, et dans la suite on porta cette admirable collection jusqu'à sept cent cinquante mille volumes.

Ces volumes, qu'on nommait aussi *rouleaux*, étaient composés de plusieurs feuilles attachées les unes aux autres, et roulées autour d'un bâton qui servait comme de centre à la colonne formant le rouleau ; les extrémités du bâton étaient ordinairement décorées de petits morceaux d'argent ou d'ivoire, ou même d'or et de pierres précieuses.

21

Ceux qui faisaient le commerce des livres, et que nous nommons maintenant *libraires*, s'appelaient chez les anciens, *bibliopôles*; et la dénomination de *libraire* était donnée à ceux qui écrivaient les livres pour le public et pour les *bibliopoles*.

Charlemagne, qui fit fleurir en France les sciences et les lettres, fonda plusieurs bibliothèques pour l'instruction de la jeunesse, et associa la *librairie* à l'université, en lui en accordant les prérogatives; ses successeurs suivirent son exemple.

Avant l'invention de l'imprimerie, les *libraires*, jurés de l'université, faisaient transcrire les manuscrits, et en apportaient les copies aux députés des facultés pour les recevoir et les approuver avant d'en afficher la vente. Ces sortes d'éditions, qui étaient le fruit d'un travail long et pénible, ne pouvaient jamais être nombreuses; aussi les livres étaient-ils alors très-rares et fort chers. L'acquisition d'un manuscrit un peu considérable se traitait comme celle d'une terre ou d'une maison, et l'on en faisait des contrats pardevant notaire.

Depuis l'invention des caractères mobiles, ce qui coûtait tant d'années à copier à la plume, pouvant se reproduire à l'infini avec une facilité incompréhensible et d'une manière peu coûteuse, le goût des bibliothèques publiques et particulières se répandit dans toute l'Europe. La *librairie*, divisée naturellement en deux branches, les livres anciens et les livres nouveaux, prit une nouvelle forme et une nouvelle vigueur; son commerce s'agrandit, se multiplia, et en peu d'années on vit éclore et se consommer des entreprises considérables et d'une grande utilité.

Les *libraires* peuvent être considérés comme formant deux classes, celle des libraires qui se bornent à l'achat et à la vente des livres imprimés, et ceux qui, outre ce commerce, se chargent de mettre au jour des ouvrages nouveaux.

Un *libraire-éditeur* fait imprimer les *manuscrits* des auteurs, soit pour leur compte, soit pour le sien; il entreprend aussi la réimpression des anciens écrivains dont les éditions se trouvent épuisées; il surveille les travaux de l'imprimeur, et donne ensuite les livres en feuilles à la *brocheuse* ou au *relieur*, afin qu'ils soient en état d'être écoulés par la voie du commerce.

Le travail de la *brocheuse* consiste simplement , à plier, assembler et coudre les feuilles ensemble, et à les couvrir ensuite d'une feuille de papier de couleur.

La *reliure* a l'avantage de contribuer à la conservation des livres et à leur magnificence.

Le *libraire* donne au *relieur*, comme à la brocheuse , les livres en feuilles, tels qu'ils sortent des presses des imprimeurs , après cependant que l'impression en a été suffisamment séchée, et que ces mêmes livres ont été assemblés.

La première opération de la reliure est le *pliage*, qui se fait ordinairement par des femmes.

Lorsque les feuilles ont été pliées, elles forment autant de cahiers que l'on pose les uns sur les autres, dans le même ordre qu'ils doivent avoir dans le livre; après cette opération , le *relieur*, pour les mettre en état d'occuper moins de place dans la reliure, les bat sur une pierre avec un marteau dont la tête est grosse et fort unie ; de là ces cahiers passent entre les mains des *couseuses* ; elles y attachent des bouts de corde appelés *nerfs*, qui sont placés de distance en distance sur le dos du livre, et auxquels les feuilles sont attachées par un bout de fil qui passe dans le milieu du cahier , et qui fait un tour sur chaque nerf.

Aujourd'hui on relie d'une manière plus élégante, et peu de relieurs emploient les nervures : les dos sont pour la plupart unis , et les cordons qui faisaient saillie sur les dos, sont reployés sur les plats.

Lorsque le livre a été cousu, le relieur le met dans la *presse à rogner*, et, à l'aide d'un outil fait exprès , il coupe uniment l'extrémité des feuilles, excepté du côté du dos.

Les trois côtés du livre qui ont été rognés s'appellent la *tranche*. Quand elle est achevée, on prend des cartons de grandeur convenable, et après les avoir battus sur la pierre, pour leur donner plus de fermeté, on en attache un de chaque côté du livre, par le moyen des nerfs, dont on fait passer chaque bout dans trois trous percés en triangle sur le bord du carton; on coupe ce carton tout au tour à une certaine distance de la tranche du livre, que l'on *endosse* ensuite avec du parchemin collé de colle de farine par-dessous, et fortifié par une couche de colle-forte par-dessus. Cette opération terminée, on fixe aux deux extrémités , sur la tranche et tout près du dos, un petit rouleau de papier orné de fil , ou de soie de diverses couleurs, ou même d'or ou d'argent, et sur l'un desquels on attache le petit ruban

21 *

qu'on nomme *signet*. Enfin, avant de couvrir le livre, on abat un peu les quatre angles du carton en dedans et vers le dos du livre, pour le rendre plus facile à ouvrir, et l'on peint la tranche de telle couleur que l'on veut ; ou bien on la dore.

Pour dorer un livre sur tranche, on le met à la presse, où il est fortement serré, ensuite on étend avec un pinceau, de la glaire d'œuf sur la tranche, qu'on racle ensuite pour enlever toutes les petites inégalités qui restent quelquefois après la rognure ; alors on y applique une composition faite de gomme-gutte, de vermillon et de quelques autres ingrédiens. Lorsqu'elle est suffisamment sèche, on la glaire légèrement avec un blanc d'œuf battu : enfin on met sur la tranche des feuilles d'or, et on les y applique par le moyen d'une brosse de poil de petit-gris ; après quoi, sans tirer le livre de la presse, on fait sécher la tranche au feu, et, en dernier lieu, on le polit avec un *brunissoir*, afin de lui donner du brillant.

Le livre est alors en état de recevoir la couverture qu'on lui destine ; si elle est de *maroquin* ou de *vélin*, le relieur, avant de la coller, n'a d'autre façon à y faire que de la tailler de la grandeur convenable et de l'amincir par les bords du côté qui doit s'appliquer sur le carton. Si au contraire la peau dont on veut couvrir le livre est du cuir de veau, le *relieur*, avant de l'employer, a plusieurs façons à lui donner ; il commence par l'imbiber d'eau ; il la met ensuite sur un *chevalet*, où il la ratisse avec un couteau de fer dont le tranchant est un peu émoussé, et lorsqu'elle est devenue bien unie, il la débite avant qu'elle soit sèche en carrés de grandeur convenable pour les livres qu'il doit couvrir ; il prend un de ces carrés, et après l'avoir *trempé* dans de la colle d'amidon, il l'étend sur le dehors du carton et la replie en dedans par les bords, qui ont été préalablement amincis. Pour appliquer intimement la couverture sur toutes les parties du livre, on le serre fortement entre deux planches avec de la corde à fouet ; on le met devant le feu et ensuite en presse : après l'y avoir laissé le temps nécessaire, on le bat avec le marteau, et l'on colle sur le carton, des deux côtés du livre, de petites bandes de parchemin par-dessus lesquelles on colle aussi du papier marbré ou doré. Si l'on veut marbrer la couverture, on lui donne des touches vagues et variées avec une brosse trempée dans du noir. Les armoiries, les fleurons, les filets et autres ornemens de dorure que l'on met sur la couverture des livres , s'exécutent avec des outils nommés *fers* , gravés en relief , et qui sont de deux sortes. Les uns qui servent pour les lettres , les roses et les fleurons , etc. , sont en forme de poinçons et font leur empreinte en les appuyant à plat ; les autres qui servent pour les filets , les broderies , les dentelles , sont des cylindres ou petites roues de fer enchâssées entre deux branches aussi de fer , à qui elles tiennent par le moyen d'une broche de même métal , qui leur sert d'axe.

Pour dorer , soit avec les poinçons , soit avec les cylindres, on glaire légèrement l'endroit que l'on veut dorer ; lorsque la glaire est à demi-sèche , on applique les feuilles d'or taillées de la grandeur nécessaire, et l'on y passe ensuite les fers qu'on a fait chauffer au degré convenable.

On est parvenu aujourd'hui à introduire beaucoup de goût , d'élégance et de variété dans la *reliure* : la couverture d'un livre, les gravures dont quelquefois il est orné , augmentent considérablement sa valeur comme marchandise. Le soin que les *libraires-éditeurs* apportent à plaire aux yeux comme à l'esprit , fait partie de leur industrie commerciale et ne laisse rien à désirer aux personnes qui mettent du luxe dans la composition de leur bibliothèque.

FIN.

TABLE DES SOIRÉES
CONTENUES DANS CET OUVRAGE.

FIN DE LA TABLE.

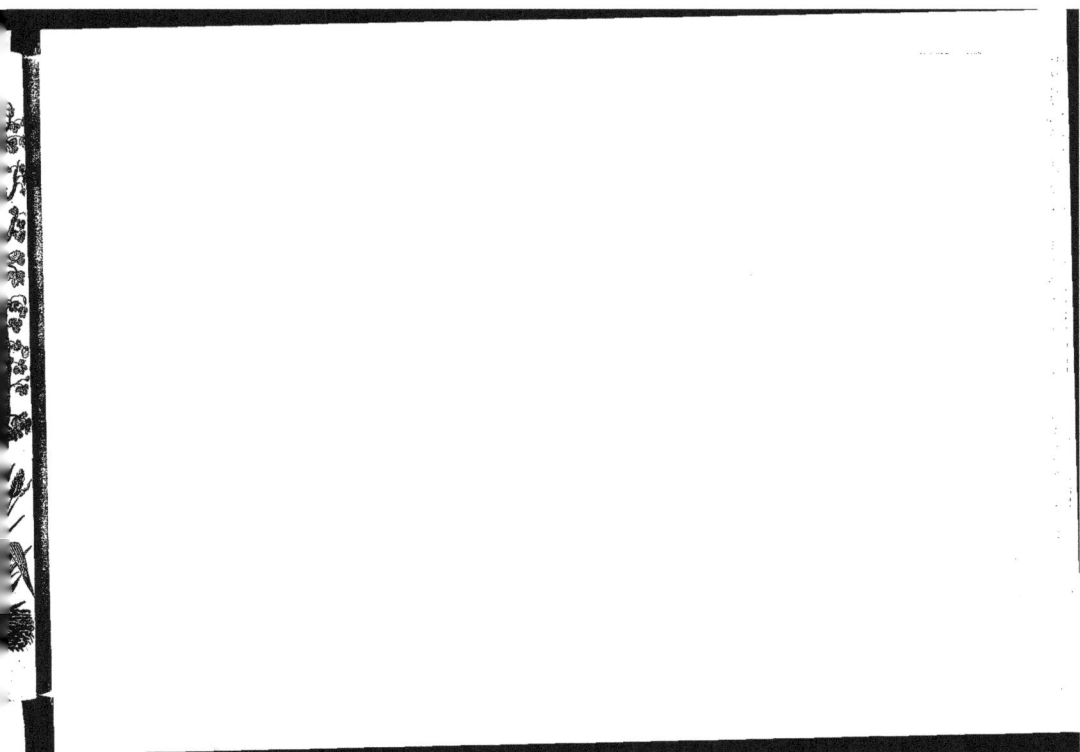

www.ingramcontent.com/pod-product-compliance
Lightning Source LLC
Chambersburg PA
CBHW071642200326
41519CB00012BA/2373